ねこ耳少女の

相対性理論と超ひも理論

竹内 薫【著】
藤井かおり【執筆協力】
松野時緒【漫画】

PHP

ザアアアア
バシャ
高橋《たかはし》 勇希《ゆうき》
高2
うへー
予報外《はず》れすぎだっつーの
ガサ
?

……猫？
お前 んなとこで ちぢこまって たって 濡《ぬ》れるだけだぞ
ビクッ
……
……
しょーが ねぇなぁ
は？
ポスター？

そだよ~
飼い主さん探してるかもだしー
迷子とは限らないだろ
飼い主だって探してたらポスター貼るだろうし……
明日町内に貼ってこようねー
ねー
……聞けよ
ネコ
あずかってます
―飼い主さん見つからないわねぇ……
近所の子じゃないのかしら
だからうちで飼えばいいじゃん
猫飼うの初めてじゃないんだしさ

そうねぇ……
このまま見つからないときはうちで……
ピンポーン
ピンポーン
あら
はーい
ユウくんっちょっと出てくれる?
へいへい
あのう……ポスター見て来たんですけど
迷子猫の……
リボンつけてて……赤色の……
……今……あけます

ガチャ
あ……
あいりちゃん？
ユウキ……くん？
高橋勇希くんですよね？
う、うん
そっちはあいりちゃん……だよね？
ある日
オレの前に
現れた女の子

どういうわけかネコミミで
バカなオレに量子論っていうこ難しいことをたくさん教えてくれた――
そして……
いきなり目の前から消えてしまった女の子
てっきり夢だって……
あの日出会ったあの猫がオレに見せた幻なんだって思ってた……
……でもこのあいりちゃんネコミミじゃないし雰囲気も……
あ……あのさ

その……
前会ったときと
印象違う気が
するんだけど
?……
何のこと
……
ですか?
え!?
ニャー
イル!
ニャー
よかった……
やっぱり
あのポスター
イルだったのね
ん…

ぴょこんっ
な……
やっぱりネコミミ……
な……
……ユウキくん
ありがと……
……この感じ

キョロ
ユウキくんがこの子を見つけてくれたから
こうしてまた会えた
あ……い……いや別にオレ大したことしたわけじゃないし
ううん
そんなことないよ
だって
ユウキくんがいる空間と
そこを流れる時間
そして私がいる空間とそこに流れる時間

それが今ここで
イルがこの家に来たことで重なり合ったの
この声
ああ……やっぱり
この感じ
これってとっても相対論な
ハッピーなできごとじゃない？
間違える訳ない
夢じゃない
幻でもない
本当にまた……
また会えたんだ
っていうかソータイ？って何？

はじめに

この本は、前作『ねこ耳少女の量子論』（ＰＨＰ研究所）の続編だ。「萌え」をキーワードに、相対性理論と超ひも理論の「イメージ」をつかんでいただくのが狙いだ。前作同様、竹内薫が骨格となる物理解説を担当し、藤井かおりがストーリーを書き、松野時緒さんがマンガに仕上げてくれた。

物理学の本にもいろいろある。専門書、教科書、副読本、一般啓蒙書……数式だらけのもの、数式ゼロのもの……そんな中で、この本は、「敷居が高くて敬遠されがちな物理学の世界に〈半歩〉でいいからお誘いしよう」という、開き直りにも似たコンセプトで企画された。

相対性理論（以下、相対論）はわかりにくい。それは、学校で教わるニュートン力学のかちっとした世界に頭が慣れすぎて、相対論の「柔らかい」世界観を受け付けなくなってしまうからだ。アインシュタインの発想を理解するためには、まずは堅くなった頭をもみほぐし、柔軟に考える癖をつける必要がある。

相対論には2種類ある。特殊相対論のほうは「ローレンツ変換」という簡単な数式だけで、ほとんどのことが理解できる。必要な数学は四則演算のほかには平方根くらいのものだ（巻末の補足解説を参照）。でも、数式が簡単であるがゆえに、かえって意味を理解しにくい面がある。簡単に見えることほど中身が難しいものなのだ。

もうひとつの一般相対論のほうは「重力」を扱うことができるが、数式はきわめて難しい。ベクトルを一般化したテンソルという数学が必要になるので、大学の物理学科にでも行かないかぎり、学校でも教わることがない。でも、宇宙やブラックホールなどの面白い話は、すべて一般相対論が必要になる。このマンガでそのイメージだけでもつかんでいただければと思う。

重力理論と（前作で扱った）量子論を統一しようとすると、さまざまな困難がたちふさがる。でも、超ひも理論を使えば、重力理論と量子論は一緒にすることができる。この本の後半では、超ひも理論をごく簡単にご紹介する。最近の理論の進展にともない、超ひも理論には、実際には「Dブレーン」という陰の主役がいることが明らかになりつつある。また、「ブレーン宇宙論」なる興味深いトピックスもある。ＳＦとしか思えない研究が理論物理学の最先端で行なわれているのだ。

どうか、肩の力を抜いて、相対論と超ひも理論の不思議な世界へ旅してみてください。

竹内　薫

ねこ耳少女の相対性理論と超ひも理論　もくじ

プロローグ……2
はじめに……12
第1章　重たい話と速い話……17
【解説】物理学の世界地図……36
第2章　どっちの相対性理論？……39
【解説】あたりまえの相対性？（特殊相対論の基本）……56
第3章　相対性理論のツボ……59
【解説】４次元の物理学……76

第4章　ヘコむ世界……79
【解説】一般相対性理論の世界……96

第5章　ブラックホールの向こう側……99
【解説】ブラックホールには近づくな!……114

第6章　超ひも理論は仲介役……117
【解説】超ひも理論は日本人が考えた?……132

第7章　超ひもの世界は11次元……135
【解説】Dブレーンで遊ぼう……154

第8章　どこから来たの?……157
【解説】ブレーン宇宙とパラレル宇宙……176

エピローグ　あの子のおまじない……179

補足解説 特殊相対論は「ローレンツ変換」がすべて……188
ひも理論のアイデア……190
時空をどんどん拡大していったら超ひもが見える？……194
おわりに……197
読書案内……199

第1章

重たい話と速い話

それじゃ ユウキくん
ホントにどうも ありがとね
あ……
途中まで 送ってくよ
それにその耳も どうにかしないと
……
ちょっと待ってて
何から何まで ありがとね ユウキくん
♪
似合う～？
♪
うん よく似合う
とりあえず オレの帽子で 隠せたけど…… やっぱり ネコミミだった よな……

でも
さっきは
普通だったし
……
あいりちゃん
って一体
何者なんだ？
宇宙人……？
実は未来人
とか……？
……
やめた
考えたって
わかんねぇし
宇宙人だって
あいりちゃんって
ことに
変わりないもんな
また会えた
だけで嬉し——
——って
あ……あのさ
その猫
そうやって
歩かせて
大丈夫⁉
どっか
行ったり
しないの⁉
大丈夫よ～
イルって
いっつも
こうやって
そばにいるの
この前はこっちに
来たときに
はぐれちゃって
……

この猫イルっていうんだ？リボンに書いてあったのってイレーネだったけど……
本当はイレーネよけどイルって呼んでるの
そっちのほうが呼びやすいしそれにホラ――
イレーネだとお嬢様～って感じで名前負けしてる感じだし
どーだろ猫の世界だったらすっげーお上品なのかもよ
……それもそうね……
イルってもしかしたら「猫界」ではお姫様かもしれないもんね
そうそう
オレらにはそう見えなくても「猫界」には「猫界」の基準があるだろうし
……そうだよね

ごめんね イル
ニュートン的 神様視点な 発言しちゃった
は? ニュートン的 神様?
……ねぇ ユウキくん
ん?
ユウキくんは 私のこと 変な子って 思わないの?
は?
そ……そんなこと 思ってないよ
……なんで?

だって……
私……こんな話ばっかりしてるし……
あいりちゃん
大丈夫だって
確かに難しい話多いけど
それはオレがバカなだけで……
あいりちゃんの話って面白いし
あいりちゃんにまた会えてオレ……
嬉しくて……
ただ一緒にいられるだけで楽しくて……
……ホント?

ユウキくん
な……なに?
ノド渇かない? そこのお店で何か買おうと思うんだけど……
あっそうだね
何がいい?
オレ買ってくるよ
ユウキくんはどこかに座って待ってて
え……でも
いいの!
あふ。

イルを助けてくれた恩人に何かお礼したいのっ だからここは私が奢《おご》りたいの
え…と…… じゃあ アイスコーヒー お願いしよっかな
アイスコーヒーね ちょっと待ってて

――……人の気持ちって難しいね
え
ユウキくんと私が見たり感じたりしてる世界ってきっと少しずつ違うんだよね
空の色も
風の温度も
同じようには感じない
それだったら結局どれだけ考えても
相手の本当の気持ちってわからないじゃない
――ユウキくんはさ

ユウキくんは
そういうのも
全部決めてくれる
神様がいたら……
って思ったことない？
……そうだなぁ
神様ってのは
考えたこと
ないけど
人の気持ちが
自分にも
わかれば……って
思ったことはある
……かな
うん
私も一緒
ケドやっぱり
他人の感じる
世界のことは
私には100％は
わからない
でもホラ
たとえば
偏差値って
あるでしょ？
人の能力って
テストの点数じゃ
わからないけど
それを基準に
その人のことを
判断してる
じゃない？

偏差値が高かったら優秀で
低かったら落ちこぼれって判断されちゃう……
それならオレ中距離走のタイムで判断してほしいな
今より確実に成績上がるよ
脚、速いんだ？
まぁね
でも脚じゃ漢文は読めないしねぇ
そだね～読めるといいけどちょっとムリね
さっきの「ニュートン的」って話だけどね
偏差値でその人の全部がわからないのと同じように
昔ニュートンが考えた基準だと世の中の大部分がわからなかったの
ニュートンが考えた基準？

漢文を読むには脚じゃなくて「レ点」とか専用のツールがいるでしょ？
春眠不覚暁
同じように重い星の話にはそれ専用の
速い光の話にはそれ専用の
顕微鏡でも見えないような小さな世界の話にはそれ専用の
……っていうふうに全部別のツールが必要なのね
あ
小さい世界は量子論って話
その通り
……で私たちが今いるのがニュートンの考えた物理学がツールになってる世界なんだけど
人間がどうにかこうにかできる範囲のことをざっくりアバウトに説明してるのね

ふーん……あ？だからさっきのニュートン的神様
そういうことその物理学はこの世界で働く力について偏差値みたいな基準を作ったの
この世界は碁盤《ごばん》のマス目みたいにキッチリしてて
流れる時間はいつでもどこでも何しても一定
……ってね
きっとそうやって決めておいたら便利だったのね
で……でもさ
流れる時間は一定って……
1時間は1時間でしょ？

ちゅー。
んー……
実はそうでも
ないんだって
火山が噴火すると
山ができたり
湖ができたり
するでしょ？
あれは
火山の影響で
地形が変わってる
わけだけど
同じように
空間も
時間の流れも
いろんなものの
影響を受けて
ねじ曲がったり
速さが変わるん
だって
これは
ちゃーんと証明した
人がいるの
そっ
そうなの!?
じゃあユウキくん
この世界が
白黒ハッキリの
オセロみたいだったら
嬉しい？
え……
白黒ハッキリ……
なんか……
実感
わかないなぁ
……

あ……
あんまり嬉しくないかな……
でしょ？
世界って元々そんなにキッチリしてないのよ
なのにニュートンがかっちりした基準を作っちゃったからあとになってあちこち綻《ほころ》んできたわけ
じゃあ今はニュートンの考えた物理学って使えないの？
枝もあれば根っこもあるし
葉っぱもたくさんでしょ
う……うん
ううん
普通に使ってるけど意外とアバウトっていうのが最近わかったの
例えばあの木
ニュートンの力学だと枝とか葉っぱとか細かいところは見なかったことにして
木ってことにしましょーよ……みたいな計算をするのよ

それだと……葉っぱとかはどうでもいいの?
そうみたいよ
だけどやっぱり細かいところも説明しないと都合が悪くなってきたのね
いろんな人がニュートンの力学に代わる説明を考えたの
それが……量子論とかってことか
うん
小さい話は量子論
重たい話はイッパン相対性理論
速い話はトクシュ相対性理論……ってふうにね
世界がこんなだったとしたら……

詳しくはP38参照➡

このあたりがトクシュ相対性理論
このあたりがイッパン相対性理論
量子論は……このあたりかな
……でニュートンの物理学はこの3つにまたがってフワフワ生息中ってところかな
フワフワ……
……とと……もうこんな時間
そろそろ帰らなくっちゃ
あ……そか気づかなくてゴメン
ううんいっぱいお話できて楽しかった
続きはまた今度ね
……ねユウキくん

これから先
いろんな所で私を見かけると思うの
すごく近くにいるかもしれない
え!? そうなの!?
でもね
え?
もし会っても私たちは初対面でお話なんかもしたことなくて
え?
それでね

ねこ耳《コレ》のことも
絶対誰にも
言っちゃダメ
だからね
もし誰かに
バラしちゃったら
嫌いになっちゃうん
だからね
え……？
チリーン
あ～あ
道は
険《けわ》しそうやね
まぁ
頑張りや
少年♡
ええ!?
今しゃべ…!?
えええ　え!?
カーカー
高橋勇希
本日思考停止

物理学の世界地図

◎ポイント①……「〈特殊〉の反対語は?」　答え「一般」
◎ポイント②……「〈量子の世界〉の反対語は?」　答え「一般相対性理論の世界」

アインシュタインの相対性理論には2種類ある。「物体が動く速さが大きくなると大事になる〈特殊〉相対性理論」と、「物体の重さやエネルギーが大きくなると大事になる〈一般〉相対性理論」だ。ちなみに、専門家は相対性理論のことを「相対論」と省略形で呼ぶことが多い。

一般相対論は、重力や加速度がかかわる現象が計算できる。だから、大きな天体の動きや、ブラックホールの計算などは、すべて一般相対論を使う。特殊相対論のほうは、もっと特殊な現象しか計算することができない。それは、「等速で動いている物体どうしの動き」の計算に使われる。

電車は（地球に対して）動き始めるときに加速度がかかる。自動車でアクセルを踏み込むときやブレーキを踏むときも加速度がかかる。でも、電車も自動車も巡航《じゅんこう》速度に達して、その速度のまま動いているときは加速度は感じない（加速度は「速度の変化」のこと）。

ちょっと、速度や加速度の意味を復習しておこう。速度は「距離の変化」で、加速度は「速度の変化」なので、

距離x
↓
変化
↓
速度v
↓
変化
↓
加速度g

という関係がある（距離xを微分すると速度vになり、速度vを微分すると加速度gになる。「微分」というのは、「変化の率」を計算すること）……復習終わり。

ところで、量子論とか素粒子物理学は、ミクロの世界を扱うが、それは小さくて軽い世界の計算なので、特殊相対論が大活躍する。素粒子物理学者たちは、毎日のように特殊相対論の計算をしている。

じゃあ、学校で教わるニュートン力学はどういう位置づけなのか？　それには、物理学のいろいろな基礎理論の「守備範囲」を描いた、物理学の世界地図をご覧いただこう。

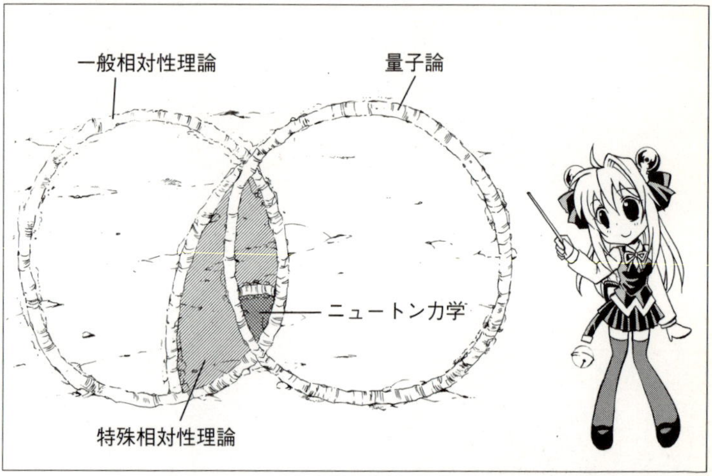

おおまかに、小さい物は量子論、スピードが速い物は特殊相対論、そして大きくて重力がはたらく場合は一般相対論という棲み分けがある。ニュートン力学は、この3つの基礎理論が「重なる」ところを近似的に計算する理論なのだ。

量子論と重力理論（＝一般相対論）は正反対の領域をあつかうため、（通常は）相いれない基礎理論である。

第2章

どっちの相対性理論？

ほけ――。
いろんなところで
顔を合わせるって
どういうイミだ？
そもそも
うちの生徒の
ハズなのに
図書室以外で
会ったことないし……
それ以前に
ねこ耳だし
物理以外の話
ロクにしたこと
ないし……
オレ彼女のこと
何も知らねぇなぁ
――で……
あとは……
転校生を
紹介する
ガタッ
さ
入って
コツ…

転校生の田沢愛理さんだ
!!
○
×
△
高橋
かわいい子が転入してきたからって興奮するな
——!
席は今立った高橋の隣だ
ハイ先生
いろんなところでって
皆さん どうぞよろしくお願いします
そういうコト——!!?

あ……あの
あいり
田沢さーん♡
部活って
どこ
住んでたの？
血液型は？
誕生日
いつー？
坂本っ相田
お前ら

もし会っても
私たちは
初対面で
お話なんかも
したこと
なくて
そーでした
せっかく会えて
しかも同じクラス
隣の席なんて
おいしいポジション
なのに……
愛に溢れた
スクールライフが
遠のいていく……
まぁまぁ
焦らんことよ
!
くるり。
!!?
カリ
カリ

お前なんでこんなところに!?
なんでって主人についてきただけやで?
見つかったらどーすんだよ
つまみだされるぞ!?
あ〜大丈夫やて
ウチのこと見えとるんはアンタくらいやもん
は!?
オレにしか見えないってオレの家族には見えてたじゃん!?
つかお前なんでしゃべれんの
ネコミミで免疫あっけど
細かいこと気にする男はモテへんで
アンタんちにおったときにいろいろ調整させてもらっとったんよ〜
調整って……
おいユウキどーしたー?
え
あふ。
ゴッ!

おい
大丈夫か？
何やってんだよ
お前
……
いや……
ハハ……
消しゴム
落としたみたい
でさ……
気ぃつけろよ
ハハハ
ジャリ…

結局終始
囲まれてて
話できなかった
……
あの…
まぁオレが
あそこで
「知り合いです」
ってなことに
なったら
それはそれで
面倒なことに
なるんだろう
ケド……
え？
知り合い？
もしかして
付き合ってる
とか!?
まさか〜
高橋クン
だよ〜
だよね〜
ないない
……っ
想像で
ヘコめる…
ユウキくん
あ……
あいりちゃん！
こんなトコで
どうしたの!?
……待ってたの
え？

ユウキくんを
待ってたの
学校で
お話できなかった
から……
きゃ……
きゃわゆい
……あのね
ここから
2駅くらいの
ところに新しい
ケーキ屋さんが
できたんだって
一緒に行かない
かな~?
……と思って
えっ
それって
……
放課後
デートって
やつですか
行く行く
さっそく
行こう!!

ピッ
野菜のケーキ？
そうそう 春菊とか ゴボウとか
うぇ
春菊って なんかキケンな ニオイが……
試し甲斐《がい》が あるでしょ～
大丈夫なの それ……
大丈夫だよ～
クラスの子も すごくおいしかった って言ってたし
そうなんだ ……
ね ユウキくん
ん？
その道案内の 機能って 相対性理論 だよ
え…… アインシュタインの？
そうそう

それじゃあ ユウキくん
この道案内機能に 影響してるのは
スピード関係の トクシュ相対性 理論か
重たい関係の イッパン相対性 理論か
どっちだ?
えっ!? ど……どっち って……
ゔーーん
ゔ〜〜〜ん
はいじゃあ ヒントーー
ヒント その1
ケータイの 道案内機能は
地球のはるか上空で グルグル回ってる GPS衛星の 役目です

ヒント その2
アインシュタインの考えたトクシュ相対性理論では
動くスピードが超速いと時計が遅れます
は!? ちょっと待って
なぁに?
なんで動くスピードが超速いと時計が遅れるわけ?
んーとね
ざっくり言うと目の錯覚
ええ!?
速いっていっても光の速さくらいね
そのくらい速いロケットに乗ってる人を見ると止まってるように見える……とか
と……止まってる!?
時間が止まってるように見えるの
まぁ今はそのあたりあんまり突っ込まないで
う……うん

……で ヒント その3
アインシュタインの 考えた イッパン相対性 理論では
重力が 強くなればなるほど 時間の進み方は 遅くなります
？ ？ ？
……えと その3つが ヒント？
ヒントすら イミフメー。
そーだよ ケータイの 道案内に 影響してるのは どっちだー？
えっと…… 人工衛星だから ……宇宙でグルグル 回って……
……ってことは スピードのほう？
ブッブー
ズ
違うの!?
人工衛星だから 確かにスピードも 速いけど
宇宙ステーション と同じで 無重力状態 でしょ？

実は両方の相対性理論の影響を受けてて
スピードが速い分時計は遅れるし
重力が少ない分地上より時計が進んじゃうの
本当は相殺できればちょうどいいんだけどね
重力のほうの影響がちょっとだけ強いんだって
だからGPS衛星は時計が勝手に進まないように時刻の補正をしてるんだって
そ〜しないと時間と場所のデータに狂いが出て
私たち野菜ケーキ食べられないよ
へ〜……ホントに重力の違いで時間が進んだり遅れたりするんだ
……あじゃあさ

重力の違いがもっとあったら寿命も変わるのかな
お話にあるじゃん宇宙に行ってたら時代が変わってた……とか
あるある浦島太郎とかきっとソレよ
あれはお伽《とぎ》話じゃん
違うもん
浦島さんは亀型UFOに連れていかれて竜宮星に
……ってお話だもん
……で帰ってきたら自分だけ歳をとってなかった~……って？
……ってあれ？UFOに連れていかれるとなんで歳とらないわけ？
重力関係なくない？
今もし電車に乗ってるって知らなくて
目隠しして耳栓してたらね
あるよ~あ、ホラ電車の動きをよ~~~く感じてて
ガタン
後ろに引っぱられてるって思わない？

……後ろっていうか……横？
いーの
とにかく電車が加速すると引っぱられるでしょ？
引っぱられるってことは
これ重力と一緒なのよ
地球もオレらを引っぱってるからってこと？
そーゆーこと
宇宙に行くUFOが加速すると重力が地球にいるより余計にかかるのよ
……あ Gってやつか
そうそう まず行くときでしょ 向こうに着くときの急ブレーキでまた引っぱられるでしょ
地球に戻るときも同じようになって計4回余計に重力がかかるの
へ…へぇ〜〜
何よその疑惑の目は？

今だって
もしかしたら
遠い宇宙に
連れてかれてる
最中かもよ
え
あ……
あいりち……
キキィーーッ
急停車します
ご注意
ください
……

あたりまえの相対性？（特殊相対論の基本）

◎ポイント……「〈相対性〉の反対語は？」　答え「絶対性」

物理学の基本は時間と距離の測定だ。

時間は、振り子とか地球の自転とか公転とか、クォーツの振動のように、「くりかえし」を利用して測る。振り子がチックタックと左右に1回振れたら「1秒」とか、地球が太陽のまわりを1周したら「1年」とか、クォーツが3万2768回振動したら「1秒」とか……。

空間は、短い距離ならモノサシを使えばいいけれど、遠くなったら、（たとえば地球と月の距離などは）レーザーを発射して、反射して返ってくるのにかかる時間を測って、「距離＝光の速さ×時間」という公式を使って計算すればいい。

ニュートンは、宇宙には絶対に正しい時計と絶対に正確なモノサシがあると考えた（それは絶対的な基準なので、絶対時間、絶対空間と呼んだ）。みんなが使っている時計がどれくらい正確なのかは、宇宙の絶対時計を基準として、それからどれくらい進んでいるか、遅れているかを見ればいい。長さの測定も同じだ。

でも、そんな神様みたいな時計やモノサシって、宇宙のどこにあるんだろう?
アインシュタインは、ニュートンに対抗して、「相対時間、相対空間しか存在しない」と主張した。そして、時計が動くと「時計が遅れ」、モノサシが動くと「モノサシが縮む」という計算結果を導き、世界に衝撃を与えた。
アインシュタインによれば、そもそも「動き」とか「運動」も相対的なものにすぎない。映画のスタントでは、電車と同じスピードで自動車に乗って並走して、自動車から電車に飛び乗るが、あれは、自動車と電車の相対速度がゼロだから可能なのだ（自動車と地面の相対速度は100キロかもしれないが!）。
宇宙空間で太郎の宇宙船と次郎の宇宙船がすれちがうとしよう。2隻の宇宙船の相対速度は光速の80%とする。太郎からは、次郎の宇宙船は（進行方向に）60%縮んで見えるし、次郎の腕時計は「チークターク」と60%遅れて時を刻んでいるように見える。それがアインシュタインの考えた「ローレンツ変換」の式による計算結果だ。
ところが、次郎からは、太郎の宇宙船が60%縮んで見えるし、太郎の腕時計は「チークターク」と60%遅れて時を刻んでいるように見える。
これが「矛盾だ!」と感じるなら、あなたの頭は、ニュートンの絶対空間と絶対時間の考えに完全に染まっている。

うわっ
立場の違いというよりも妄想力の違いのような気も……

アインシュタインの特殊相対論では、太郎から見て次郎の時計が遅れていて、かつ、次郎から見て太郎の時計が遅れていても矛盾はない。それは、ちょうど、太郎から見て次郎がわがままで、かつ、次郎から見て太郎がわがままであっても（個人の評価には差があるのが当然だから）矛盾しないのと同じなのだ。あるいは、心理学によく出てくる「ルビンの壺」という図形で、「白の立場では壺に見え、黒の立場では向き合った横顔に見える」という状況が矛盾しないのと同じ。

相対性とは、そういうあたりまえのことにすぎない！

第3章

相対性理論のツボ

あのさ……
ひとつ聞いても
いいかな？
なに？
……バカに
しない？
しないよ～
なぁに？
その……言葉自体は
知ってるんだけど
相対性理論って
何なの？
ん～……
たとえば
今電車が走って
次の駅に
向かってるよね？
う……うん
でもこれって
違う見方も
できると
思わない？
ち……違う見方って？

この電車は実は止まってて
地球のほうが動いてて駅が近づいてくる……とか
え〜〜〜
別にウソじゃないでしょ
それはそうだけど……
そういうふうにどっちが動いてると思っても間違いじゃないっていうのが
相対性なの
うっ……でもなんか変な感じ
それはニュートン物理学で頭が固くなってるからよ
カチコチね
カチ
コチ
でもそんなこと授業で習った覚えないんだけど……
そ〜ねぇ大学クラスかなぁ
でも相対性の話ってそこらじゅうにあるのよ
ホラ窓の外

えと……電車？
うん 電車
今あっちとこっちって同じくらいのスピードだよね
う……うん
もし今あの電車しか見えなくて音も聞こえない状態だったら
あっちの電車とこっちの電車って止まってるのと同じでしょ
え……？ えと……確かにそう見えるから……
そうなのかも
こういうときは相対速度がゼロ……って言うんだって
ソータイソクドがゼロ……
ふつう〝あの電車は時速70キロ〟とかって言うよね
うん それは地面と電車との関係っていう場合ね
そっちはニュートンの物理学で……
あ、ホラ こっちの電車が追い抜いてく

こういうときは
あっちに対してこっちの相対速度が時速5キロとかに上がったってことになるのね
ニュートンの物理学はいつだって地面とかが基準なの
それだと確かに計算はラクなんだろうけど
物事をひとつの方向からしか見ないからつまんないよね
まぁ基準があって安心できるから皆ずっとソレを使ってたんだけど
ハハ
オレもラクなほうがいいかも
そんなときにアインシュタインの相対性理論が出てきたのね
基準が決まってたニュートンのとは違って
物事は見る角度によって変わって見える……って考え方なの

他にも時計が動けば時計は遅れる……とか
モノサシが動けばモノサシが縮む……とか
は!?
動くと遅れるとか縮むって……イミわかんないんだけど……
うん大丈夫よ偉〜い学者さんもイミフメーって思ったみたいだから
え
そ〜なの?
気にしない
アインシュタインの話って理解できないし受けつけない
それってきっと絶対的な基準を否定されちゃうからなのかもね
あ……あのさモノサシが縮むとかって……
本当に縮むの?
ユウキくん宇宙船のアポロってわかる?
……あの月に行ったアポロ?
そうそう

じゃあ宇宙飛行士が月の上を歩いてるのって見たことある？
あるよ
あのポ〜ンポ〜ンって軽そうに歩いてるやつだよね
月の重力は地球の6分の1くらいだからあんなふうに歩けるけど
もっと重力の強い星だったら這いつくばってしか動けないだろうし
もっともっと重力が強かったら
……ペチャンコだね
……あ、そか
それならモノサシも縮むか
重力は実際にモノに働く力だからね
次は―
……
ブラックホールもそんな力が作り出すんだって
あの何でも吸いこむやつ？
それそれ

ブラックホールって元はすごく重い星なのね
重～い星が自分の重みで潰されちゃって
最後に〝プチュッ〟ってなると
何でも吸いこむ黒い穴になっちゃうんだって
──な～んていう重力の重い話は一般相対性理論の十八番《おハコ》なんだけど
スピード関係の特殊相対性理論でもモノサシは縮むのね
……動くのが速いと縮むってこと？
ん～～そうねぇ……
これちょっとややこしい話だから流して聞いてね
え……
う……うん
まず私たち2人はお互い別のロケットに乗って宇宙にいるの

私は遠い星から地球に戻る途中
ユウキくんはこれから遠い星に向かう途中
逆方向に進んでるんだね
そうそう……で途中ですれ違うの
あいりちゃ～ん
ユウキくーん
するとなんと！私にはユウキくんのトコの時計の秒針がすご～くゆっくり動いてるように見えました！
ええ!?
―しかもね

ユウキくんの乗ってるロケットなんだか短い〜〜
ユウキくんも進行方向にぺったんこに縮んでる〜〜
……って
はい？
ぷーー。
ところが！
ユウキくんから見た私の時計も秒針がゆっくり動いて見えるの
は!?
ちょっちょっと待って
さらに〜
あいりちゃんのロケットやけに短いな〜
あいりちゃんもなんか薄っぺらいな〜
……
……とか思うわけです
ちょっと待ってストップ！

オレの時計がゆっくり動いて見えるんならだよあいりちゃんのほうは速く動いて見えるんじゃないの!?
残念ながらお互いの時計がゆっくり動いて見えるの
ローレンツ変換っていうので計算するとそんな結果になるの
ここが特殊相対性理論のツボなのよ
ごめん……
全然わかんないんだけど
えとつまりはオレのもあいりちゃんのも遅れて見えててOKってこと?
そうそう
……なんで?
私とユウキくん
どっちかが宇宙の支配者だったりする?
?
違うと思うけど……

じゃあどっちも正しくていいんじゃない？
ローレンツ変換って私たちの世界の見え方の違いを翻訳してわかりあえるようにしてくれるの
……わかりあえるように……
私が見る世界とユウキくんが見る世界
どっちもあってどっちもいい
2人で見たらきっと全然別の新しい世界が見えるの
だから相対性理論はとっても新しいの
さぁ行こう
2人の新しい世界へ
で
へへへ。

カラオケ
うわ……けっこう人多いね
ホントね
迷子になると大変だから抱っこしようね～
……ってイル!?
チャオー
電車にも乗ってたんだ……
そうよ いつも一緒だもん
そ……そうなんだ
――そういえば

ケータイのGPS機能って相対性理論で調整してるんだよね？
みたいよ
それってさ放っておくとどれくらい狂っちゃうもんなんだろ？
えっと……確か……
GPS衛星のスピードのせいで1日にだいたい100万分の6秒とか7秒くらい遅れるのね
だけど重力が弱い分100万分の45秒くらい進むの
そうすると……
45/100万 − 7/100万 = 38/100万
差し引いて100万分の38秒くらいか……
意外とそんな程度なんだね
そんな程度っていうけど……

GPS衛星って かなり速いスピードで 動くのよ
計算するときは 電波が伝わる 速度を かけるから……
えっと…… 100万分の38秒× 毎秒30万キロで…… えっと……
ユウキくん パス!
えっ
え…… えと……
ケータイの 電卓使うの——
あ……そうか
えっと……
38/100万 ×30万
＝38÷100万×30万
＝11.4（km）
……と 大体11キロかな
じゃあ 1日11キロ 動くとして
1年で どれくらい ズレる?

えっと……
1日で11キロだから
11(km)×30(日)×12(月)＝3960（km）
3960キロ……けっこうズレるんだね……
でしょーコワイ喩《たと》えだと軍事衛星が同じくらいずれたら誤爆の嵐よ
そっか……
相対性理論ってちゃんと使われてるんだ
そうそう
知らなくても生きるのには困らないけど
この世界の秘密を解き明かす鍵を一部の人たちのオモチャにしておくのって悔しくない？
世界の秘密を解き明かす鍵かぁ……
難しい数式はわかんないけどそのオモチャがどんなものなのか私は知りたいんだよね

ユウキくんは……
こういう話
つまんない
……かな?
前にも
言ったよ
オレ、バカだから
難しい話は
わかんないけど
ピク
あいりちゃんと
話してるのは
楽しいよ
……そか
よし!
ケーキ全種類
制覇しちゃうぞ――!
え゛っ
ま……
マジで!?
嫌なら私
ひとりで行くもん
あ゛~~っ
行く行く
オレも行く――

4次元の物理学

◎ポイント①……相対論では「同時」の概念も一致しない
◎ポイント②……$E=mc^2$
◎ポイント③……4次元は「4つの方向」という意味

特殊相対論からは、「時計の遅れ」、「モノサシの縮み」（＝ローレンツ収縮）のほかに、「同時性」についても面白いことが予言される。たとえば、2つの星が爆発したとする。それを（相対速度のある）太郎と次郎がそれぞれの宇宙船から観測している場合、太郎は「星Aが爆発してから少したって、星Bが爆発した」と記録し、次郎は「星Aと星Bは同時に爆発した」と記録することがある。なぜなら、特殊相対論では、どの事件とどの事件が「同時」であるかは、観測者によって変わってくるからだ。

これは殺人事件の捜査では困った状況になる。検察側は「被告が部屋に入ったのと同時に発砲が起きた」と主張し、弁護側が「発砲が起きた後に、被告は部屋に入った」と主張したら、どちらが正しいのかわからなくなってしまうからだ（巻末の補足解説参照）。

実際、特殊相対論では、「どちらかが絶対に正しい」ということはない。物理学では、

「誰から見たらこう見えた」とは言えるが、「太郎が見たらこう見えたのだから、その他の誰が見ても同じに見えるはずだ」とは言えない。

ところで、アインシュタインが1905年に書いた特殊相対論の論文は2つある。その後のほうに、「世界一有名」と形容されることの多い「$E=mc^2$」という式が登場する。Eはエネルギー、mは質量、cは光速だ。

ニュートンの力学では、止まっている物体はエネルギーを持たないが、アインシュタインの特殊相対論では、止まっている物体もエネルギーを持っている。それを「静止エネルギー」という。原子力発電では、核分裂の前後で燃料が少し軽くなる。その軽くなった分（m）が、「$E=mc^2$」という式により、エネルギーとなって放出される。そのエネルギーを電気に変換して、発電が行なわれているのだ。

仮に1グラムの物体を全てエネルギーに変換できたとすると、そのエネルギーは、1つの町の1年分の電気使用量に匹敵し、都市を瞬時にして破壊してしまうエネルギーでもある。

この数式は、広島と長崎に投下された原爆の原理となったため、アインシュタインは、自らがパンドラの匣《はこ》を開けてしまったことについて悩み続けたという（晩年、アインシュタインは平和運動に身を投じている）。

アインシュタインの特殊相対論は、「4次元の物理学」と呼ばれることがある。ニュートンまでの物理学では、空間の3つの拡がり（＝次元）x、y、zと、時間の拡がりtは、別々に考えられていた。ところが、アインシュタインの特殊相対論では、t、x、y、zを一まとめにして「時空」とみなす。ローレンツ変換の数式（巻末の補足解説参照）を見ても、実際に時間tは空間xと同じ重要性を担《にな》っていることがわかる。過去・現在・未来という時間が空間と同じような「方向」を意味し、時間こそが第4の次元なのだ、という考えは、人類にとって、知の革命だった。

その後、アインシュタインの発想をさらに拡大して、（カルーツァやクライン、さらにはリサ・ランドールなど）5次元の物理学を考える学者も出てきたのである。

第4章

へこむ世界

ユウキくん
何飲む？
えっと…じゃあ
コーヒー
私は
ミルクティーに
しよっと
ケーキは
決めた？
~ menu ~
あ〜〜〜
ん〜〜〜
どうしよう
かなぁ……
男なんだから
はよう
決めてや〜〜〜
んなこと
言われたって
どれもうまそう
で……――

お前なんでいんの!?
ってかどこ座ってんの
私このブリュレとロールケーキ
……イルいて大丈夫なの?
ん?全然平気よ
今日学校でも言ったやんウチの姿は他の人には見えんて
まったく……他人《ひと》の話ちゃんと聞かなあかんで~~~
いや人じゃないし
ユウキくん~イルの相手してないでケーキ決めて
あっゴメン
えっと……
~ me
じゃあ――

〜〜〜っ
ぱ
しあわせ〜〜〜
こっちも
うま〜〜〜
オレいつもの
2倍くらい
幸せ〜〜〜っ
ださ〜〜〜
せめて
2乗とか
言ってほしいわ
2倍だって
いいだろ
カチ
アホやな〜
2倍と2乗じゃ
えらい違いやで
幸せの大きさ
なんやから
もっと大胆に
やね〜
イミ
わかんね

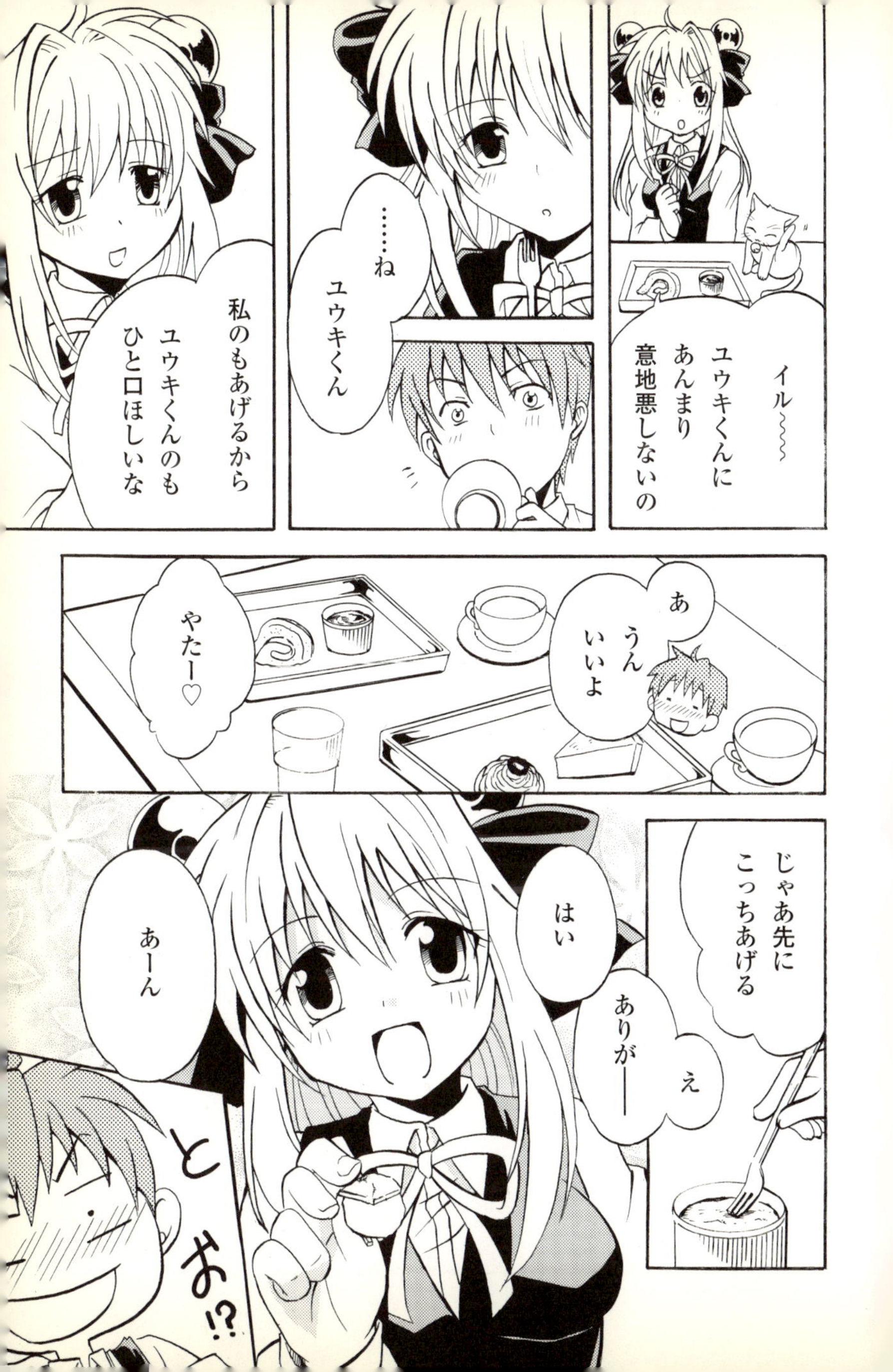
イル〜〜〜
ユウキくんにあんまり意地悪しないの
……ね
ユウキくん
私のもあげるから
ユウキくんのもひと口ほしいな
あ
うん いいよ
やたー♡
じゃあ先にこっちあげる
え
ありが――
はい
あーん
とお!?

あ……えと
その……
もじ
もじ
はやく〜〜〜
あ……
もぐ
……
うまっ
でしょ〜〜〜
それじゃ
ユウキくんのも
ちょーだい♡
……えっと……
……ど……
どのへん
食べたい？
ん〜じゃあ
このへん♡

ぱくっ
うん
こっちもおいしぃ～～～
あいりちゃんの口がついたスプーンこれ持ち帰って家宝とかにできないかなぁ～
かなり妄想しとるで
別にいいじゃない幸せそうだし
あいりちゃんあんなんとお茶しとって楽しいん？
どーゆー意味よ
私が楽しいんだからいいでしょ
趣味わる～～～
人の好みにケチつけないの

あの～～～何ヒソヒソ話してるの？
何でもない何でもない
こっちの話～～～
じー。
うっ
えっと……あのね
光の速さに近づくと宇宙の星の光が自分のほうに降り注いでくるんだって
もっとスピードをあげていったらそのうち全部の光が目の前に集まって虹色に輝くの
自分のうしろには漆黒《しっこく》の闇が広がってるだけ
すっごい素敵だけど
まだまだそれだけじゃないの

たとえば
光の速さで
私たちが
自転車を
こいでると
するでしょ？
それを誰か
他の人が見たら
こいでる動作は
止まって見えて
自転車だけが
光の速さで
進んでるように
見えるの
お互いが
お互いに
相手の時間の
流れが消えて
いくように
見えるの
これが
特殊な相対性理論で
見る世界
……って話を
してたのよ
え……
えと……
どう？
ごまかせたと
思う？
バッチリや
こいつ
そんな作りええ
頭してないし
なんか
何度聞いても
遠い世界の話に
聞こえるよ
でも現実
で～す

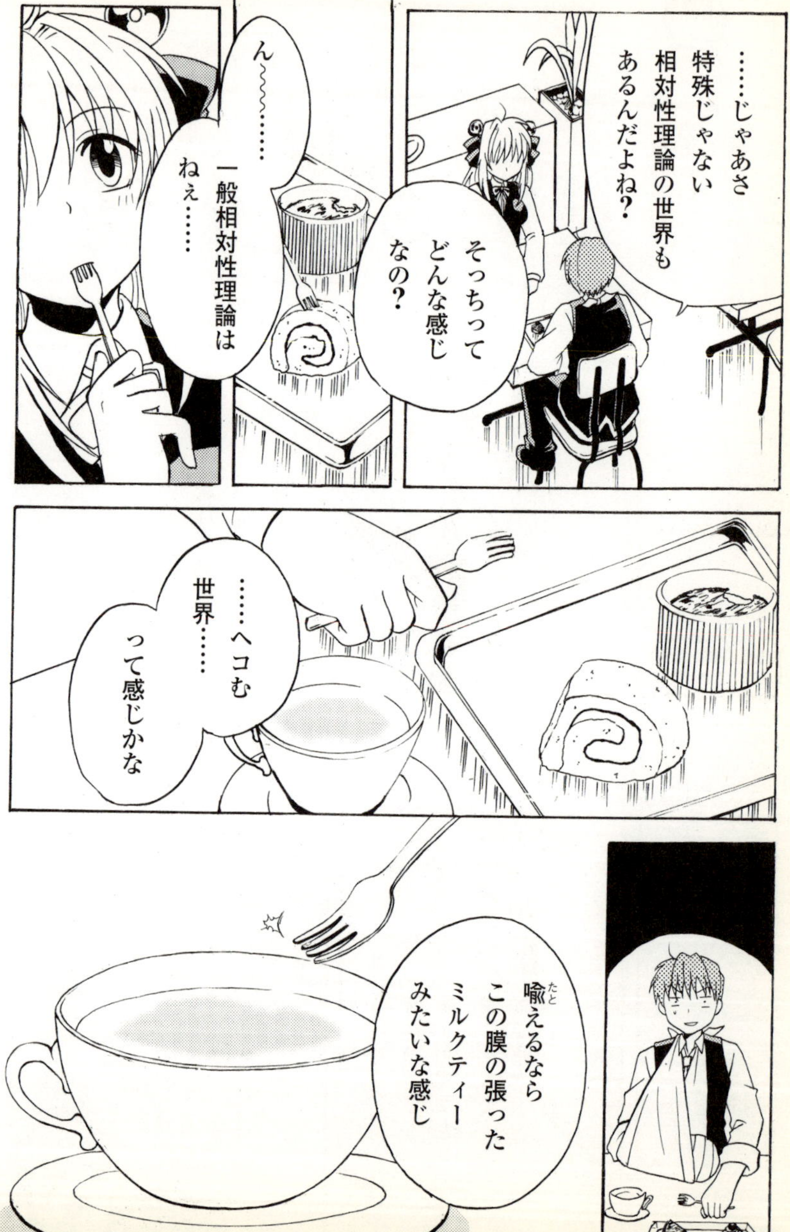
……じゃあさ特殊じゃない相対性理論の世界もあるんだよね？
そっちってどんな感じなの？
ん〜〜〜〜……
一般相対性理論はねぇ……
……ヘコむ世界……
って感じかな
喩《たと》えるならこの膜の張ったミルクティーみたいな感じ

大きくて重い星があるところは
こんなふうに
空間がヘコむの
そんなことがあちこちで起こってるから空間って実はかなりデコボコなのよね
うぅ……
よくわかんない……
目で見えないからわからなくて当然よ
イメージするとしたらニュートン的には空間は舗装道路
相対論的にはデコボコ道路……ってところかな
……でたとえばユウキくん同じスタート地点から同じ目的地まで行くとして
ゴ〜ル
舗装道路とデコボコ道路だったらどっちが早くゴールする？

え……
そりゃ
キレイな道を
通ったほうが……
それは
……
宇宙が
デコボコってのが
信じられなかった
ってこと？
でしょ？
でも
アインシュタインが
この話をしたとき
学者さんたちは
信じなくてね
そうそう
でもちゃんと
観測したら
アインシュタインの
言うとおりで
重たい星は
空間を
歪《ゆが》ませてたのね
いい？
見てて
この膜が
空間だとして
こう……
ヘコんだら

まっすぐ進んだとしても
ヘコんでるトコは同じように進めないでしょ？
こう……
くね〜〜〜っ
ってかんじ
ふむ……
なんとなくわかったような……
……あ
ねぇねぇ
すっ頓狂《とんきょう》なこと言うかもだけど
なに？
空間って
破れたりしないのかな
え

あ……いや
だってホラ
さっきみたいに
膜を押して
いったら
ポチャン！
……って
なるじゃん
空間と
この膜って
似てるん
だよね？
……うん
なら
空間は
同じようには
ならないのかな
～～って
……ユウキくん

ユウキくんって もしかして この話知ってた？
え゛っ 何のこと!?
ホントにぃ？ しらばっくれてない？
いや 何のことだか さっぱり……
ちょ…… あいりちゃん
何で そんな疑惑の 目で見るわけー!?
……ホンマに 知らんみたい やで
……そうかなぁ……
知ってて 知らんぷり できるほど 器用な男 ちゃうもん
カリ カリ
なんぼなんでも 買いかぶり すぎやて
フォローに なってねえ

ん～～～………
そか
ホントに
知らないんだ
いい？
よーく
見てて
空間に
重たい星が
のっかりましたー
星の重さで
空間は
どんどん
ヘコんでいって
ポチャン
はい
ブラックホール
完成ー

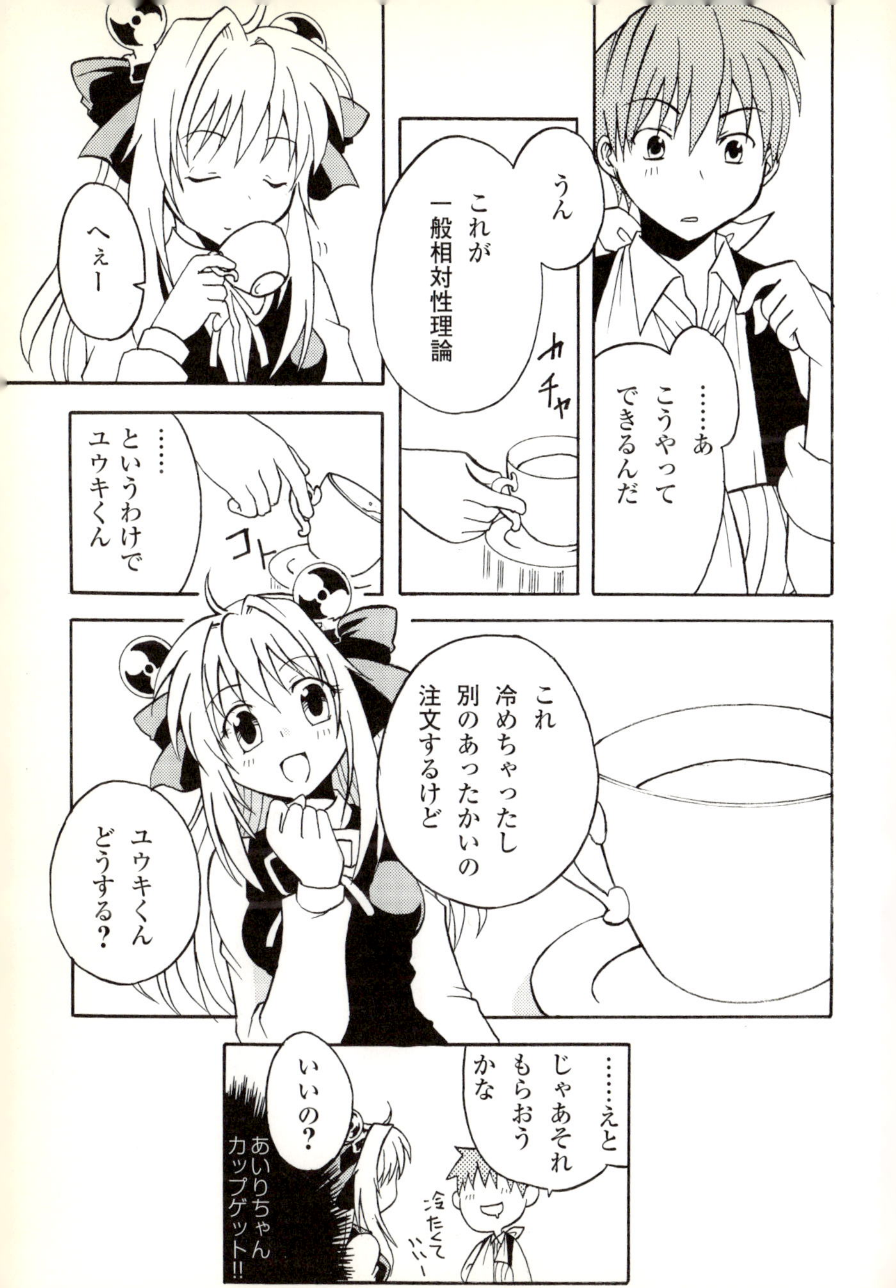
……あ
こうやって
できるんだ
うん
これが
一般相対性理論
カチャ
へぇー
……
というわけで
ユウキくん
コト
これ
冷めちゃったし
別のあったかいの
注文するけど
ユウキくん
どうする？
……えと
じゃあそれ
もらおう
かな
いいの？
冷たくていい
あいりちゃん
カップゲット!!

一般相対性理論の世界

◎ポイント①……特殊相対論では、速度vが大きいほど、時間は遅れ、空間は縮む

◎ポイント②……一般相対論では、重力が強いほど、時間は遅れ、空間は縮む（＝時空が歪む）

特殊相対論では、時間や空間は伸び縮みするようになるが、その伸縮率は「一定」だ。一定というのは、速度vにより率は変わるが、時間がたっても空間の位置が変わっても、伸縮率は変わらない、という意味。伸縮率はローレンツ変換から計算できて、

$$\sqrt{1-v^2}$$

となる。

だが、一般相対論になると、時間と空間の伸縮率は、時間がたつと変わるし、空間の位置によっても変わってくる。たとえば、地球の表面と高度2万キロでは、時計の進み方がちがってくる。それは、地球の重力場の影響だ。重力が強いと時計は遅れるし、空間は縮

むのだ。
ここで、特殊および一般相対論の効果を身近に感じられる例をあげておこう。それは（第2章のマンガに登場した）GPS衛星である。高度2万キロを飛び回っているGPS衛星は、カーナビや携帯電話の地図に必須だが、実は、特殊および一般相対論の補正を受けている。なぜなら、地表にいるわれわれから見て、GPS衛星は「速い」ので、その時計は遅れて見える。そして、地表にいるわれわれのほうが1Gという重力を感じるから、GPS衛星より時計が遅れる（GPS衛星は無重力状態）。
つまり、地表にいるわれわれの時計と比べて、GPS衛生に搭載されている時計は、特殊相対論の効果により1日に100万分の7秒だけ遅れ、一般相対論の効果により1日に100万分の45秒だけ進むのだ。それは、さしひき1日に100万分の38秒という計算になる。
そんな小さな効果なんか無視してもかまわないと思われるかもしれないが、GPS衛星と地上の情報のやりとりは光速の電波で行なわれるから、100万分の38秒のズレに光速（毎秒30万キロメートル）をかけて、約11キロメートルにもなってしまう！　恋人との待ち合わせの位置が11キロメートルもズレてしまったらフラれてしまう（汗）。毎日、お世話になっているようなテクノロジーにも、特殊および一般相対論は使われている。

ところで、「重力と加速度は区別できない」という思考実験をご存じだろうか？　これはアインシュタインが一般相対論をつくる際に用いたもので、頭の中で実験をする。アインシュタインは、次のような思考実験をやってみた。

アインシュタインのエレベーター（階数表示も何もないエレベーター）に乗ったとする。エレベーターが上がったり下がったりする際に、あなたは加速度（G）を感じるだろう。でも、もしかしたら、あなたは宇宙人に誘拐されて、どこかの惑星に連れていかれたためにGが変化したのかもしれない。そもそも、加速度と重力を区別する方法なんてあるのだろうか？

いや、冗談でなしに、重力も加速度も基本的には「ばね秤《ばかり》」で測るのだ。昔の八百屋さんがばね秤で野菜の重さを量っていたが、エレベーターやジェットコースターで感じるGの値《あたい》は、あのばね秤の目盛りで読むのだ。どんなに洗練された物理測定装置でも、加速度と重力を区別できるものは存在しない。

アインシュタインは、このことから、「加速度と重力は等価である」という原理を主張し、そこから始めて、特殊相対論を拡張した一般相対論を建設したのだ。

第5章

ブラックホールの向こう側

――ねぇ ユウキくん
お腹のキャパシティどんな感じ？
え？ ん～……結構ふくれてるかな
だよね～～～
私もけっこう苦しいんだけど でもなんかまだ満足してなくて
あー じゃあ何個か買って帰れば？
夕飯のあとのデザートとかさ
ん～～～

それでも
いいいんだけど……
……あれ
なんか……
テンションが……
ガタ
……ちょっと
お手洗い
いってくるね
あ……
……
もしかしてオレ
地雷ふんだ？
でも……
何で……
ったく
ホンマ
鈍感なんや
から
な……
なんだよ
ええか
よ～く聞きぃ

今はお腹一杯やけど物足りん言うてたわけやん
うん
普通やったら買って帰ればええやろね
う…うん
けど そうやないからわざわざ言うたんやろ
は？どういうイミ？
あ〜〜〜 ホンマ鈍感
もっと行間読まんと
家でひとりで食べるんやなくて
2人で一緒にあとで食べたい言うとるわけやん

キライな男
普通
誘わんやろ
もっと
自信もって
あんたから
動かな
自信もって
っていわれても
いいのかな……
オレで
お待たせ
あ……
あいりちゃん

その……
展望台
行かない？
……展望台？
そうそう
この近くの
でっかいビルに
あるんだよ
ちょっと歩いたら
またお腹
すくかもだしさ
……
駄目かな？
いいけど……
……
ケ……ケド!?

ケーキ
いっぱい買って
いきたい
……いい？
も
もちろん!!

ぅぅ〜
耳痛ぇ
一気に
上がってる
もんね
あ……でも
もう着くよ
チーン
50

ホラ
ユウキくん
早く
ここって
普通の展望台
だったよな……？
なんかの
イベント中
とかだっけ……？

あ
ユウキくん
見て
星が
死ぬところよ
星が……
死ぬ？
あれは……
星って
死ぬときに
いろんな姿を
見せるの
膨張《ぼうちょう》して
大きな赤い
星になったり
白く小さな
星になったり
する
そして
あれは
大きくて
重い星が
死ぬところ……

自分のすべてを
燃やし尽くして
超新星になり
星の表面が
真ん中に
集まっていって……
あ……
あれって……
ブラックホールよ
空間が重さに
耐えられなくて
とうとう
穴が空いたの
……ブラックホールって
入ったら二度と
戻ってこれないん
だよね？
うん
じゃあもし
あの穴の近くに
行ったらさ
どこまでなら
大丈夫
なのかな……

目には
見えないけど
境界線は
あるのよ
事象の地平線
っていうの
ブラックホールの
まわりを
丸い球みたいに
囲んでいるの
ふむ
ふむ
そこはね
モノとコトの
境界線
モノと……
コト?
うん
モノとコト
たとえば
ユウキくんが
宇宙旅行に
行ってて
ブラックホールを
見つけました

ユウキくんは ブラックホールに 興味を持って それに 近づいて いっちゃいます
そしてそして とうとう 事象の地平線を 越えちゃいました
オ……オレ どうなるの!?
あわあわ
〝モノ〟だった ユウキくんは 〝コト〟になる
物体としての ユウキくんは 消えて
重力で 歪んだ いくつもの 波になる
そうやって ブラックホールの 中に吸い込まれ ちゃうのよ
あああ
……吸い込まれ ちゃうのか…… ブラックホールって 中どうなってるん だろ……
ん〜……
いろんなこと 言う人が いるのよ

重力に
引っ張られる
から
パスタみたいに
伸びちゃう……
とか
何もかも
粉々になって
分子のひもに
なっちゃう……
とか
そ……それは
イヤだな……
ひょほ～
他には
別の宇宙に
行ける……とか
え
そんなこと
できるの!?
うん
そう考えてる
人はいるの
けどね
その宇宙が
この宇宙のどこか
なのか
それとも
よく似た別の
宇宙なのかは
この宇宙にいる
人は　まだ
知らないの

ブラックホールの強い重力の鎖で繋《つな》がったもう一つの宇宙があるかもしれない
そういうことは超ひもの研究をしてる人たちが考えてるけどね
……宇宙はここだけじゃない……ってこと？
今はまだ〝かもしれない〟って段階
そっかー
そういうSFみたいな研究すっごく興味あるなぁ……
ブラックホールの向こう側とか違う宇宙とか見られたらいいのに

知りたい?
え……
プルル
パアーッ
!
ユウキくん
……そろそろ降りようか
な……
何だったんだ今までの!?
イベントじゃないの!?

ブラックホールには近づくな！

◎ポイント①……一般相対論では「時空」がぐにゃりと歪む
◎ポイント②……宇宙ステーションからブラックホール近辺の宇宙船を見ると、超スローモーションで徐々に見えなくなっていく

もともとアインシュタインの一般相対論が天文観測で検証されたのは一九一九年のことで、イギリスのエディントン隊が「皆既《かいき》日食のときに、太陽の近くに見える星の位置がズレる」のを撮影した。その理由は、太陽の重力場によって、星から来る光の経路が曲げられたからだ。これをアインシュタインは、「太陽があると重いので、その重さによって空間が凹《へこ》んでいるからだ」と考えた。

一般相対論を「実感」するためにブラックホールに落ちてゆく宇宙船を考えてみよう(ブラックホールは、太陽の30倍以上の重さの星が燃料を使い果たし、超新星爆発を起こしたあと、星の表面がどんどん中心部分に落ち込んでゆき、しまいには空間が凹みすぎて「穴」になってしまったもの)。

まず、遠くの宇宙ステーションにいる人々からは、宇宙船の動きがスローモーションに

なって、永遠にブラックホールに落ちないように見える。それは、ブラックホールの重力の影響だ。宇宙船の時計は遅れるのである。

ブラックホールの「表面」を「事象の地平線」と呼ぶ。事象の地平線付近では、宇宙最高速の光でさえも、重力に捕まってしまい、外に逃れることができなくなる。事象の地平線上では、光は、まるで人工衛星のようにブラックホールのまわりを光速でグルグル回り続ける。

宇宙ステーションから見ていると、事象の地平線に「貼り付いた」まま止まってしまった宇宙船は、どんどん姿が薄くなって、しまいには見えなくなってしまう。なぜなら、宇宙船からの光の波長が重力のせいでズレてしまい、紫が赤に、赤が赤外線に、という具合に波長が伸びて、目では見えなくなるからだ。

しかし、宇宙船の乗組員たちは、自分たちが透明人間になったり、スローモーションになったりすることには気づかない。実際、彼らは、とっくの昔に事象の地平線を越えて、ブラックホールの中に入ってしまっている！

宇宙船の乗組員たちは、事象の地平線を通過するときに何も感じない。そこには、別に時空の壁があるわけではないからだ。だが、いくら逆噴射をしても宇宙船が外に向かわないことがわかり、自分たちが致命的なミスを犯したことに気づく。

宇宙船の時計はふつうに時を刻んでいるように見える。なぜなら、乗組員の意識も（時計と一緒に）遅れているからだ。でも、背後を振り返って、宇宙ステーションを見ると、そこでは、時計がやけに速く進んでいるように見えるはずだ。

GPS衛星のときと同じで、重力の強い宇宙船の時計は、重力の弱い宇宙ステーションと比べて、遅れるのである。

理論計算によれば、宇宙船は、逆噴射もむなしく、どんどんブラックホールの中心に吸い込まれるように落ちてゆく。そして、徐々に重力が強くなり、宇宙船はしまいにはスパゲティのように長く引き伸ばされ、乗組員もろとも、粉々の分子の「ひも」になってしまうらしい。

ただし、別の可能性もある。ブラックホールの中心部には、別の宇宙へとつながる時空のトンネル（宇宙の虫食い穴「ワームホール」）があり、宇宙船はそのトンネルを通って、未知の宇宙領域へと出る……かもしれないのだ。

第6章

超ひも理論は仲介役

あ
ユウキくん
見てあれ
……宵《よい》の明星
……ってやつだね
うん
あんなに
近そうで
隣の星なのに
実際は
ずいぶん
遠いんだよね
うん
宇宙って
広いよね
金星だって
半年くらい
かかっちゃうよ

隣の星で半年かぁ……じゃあ銀河の端っことなると人はいけないかな
太陽系なら生きてるうちに着くかもね
でも銀河の端っこはムリかな
あれ……でもすごい速く動くと時間って遅れるんじゃなかったっけ？
あれは加速とか減速とかしたりして重力がかかったときだけね
それにいくら時計が遅れても万年単位はムリよ
そっか〜〜〜遥か銀河の彼方なんて夢のまた夢か
そ〜よ
宇宙ってどんどん膨らんでるし気がついたときには遠い星はもっと遠くなってる

膨らむって
宇宙が？
ぷく――。
うん
風船みたいに
今も膨張中
えっ今も!?
そうみたいよ
だから地球と
宇宙の端っこの星は
どんどん離れて
いってるの
――じゃあ昔は
もっと近かった
ってこと？
昔はね
ずっと昔
137億年も昔
宇宙は
小さな種《タネ》だったの
目に
見えないぐらい
小さくて
その中に
熱と光を
秘めてた

そんな小さな宇宙が
爆発して膨らんだのが今の宇宙
宇宙って今は大きいのに元は小さかったんだ
うん
だから困っちゃう
困るって……何に？
宇宙は大きくて星なんてすごく重い
そういうのは一般相対性理論が専門なの

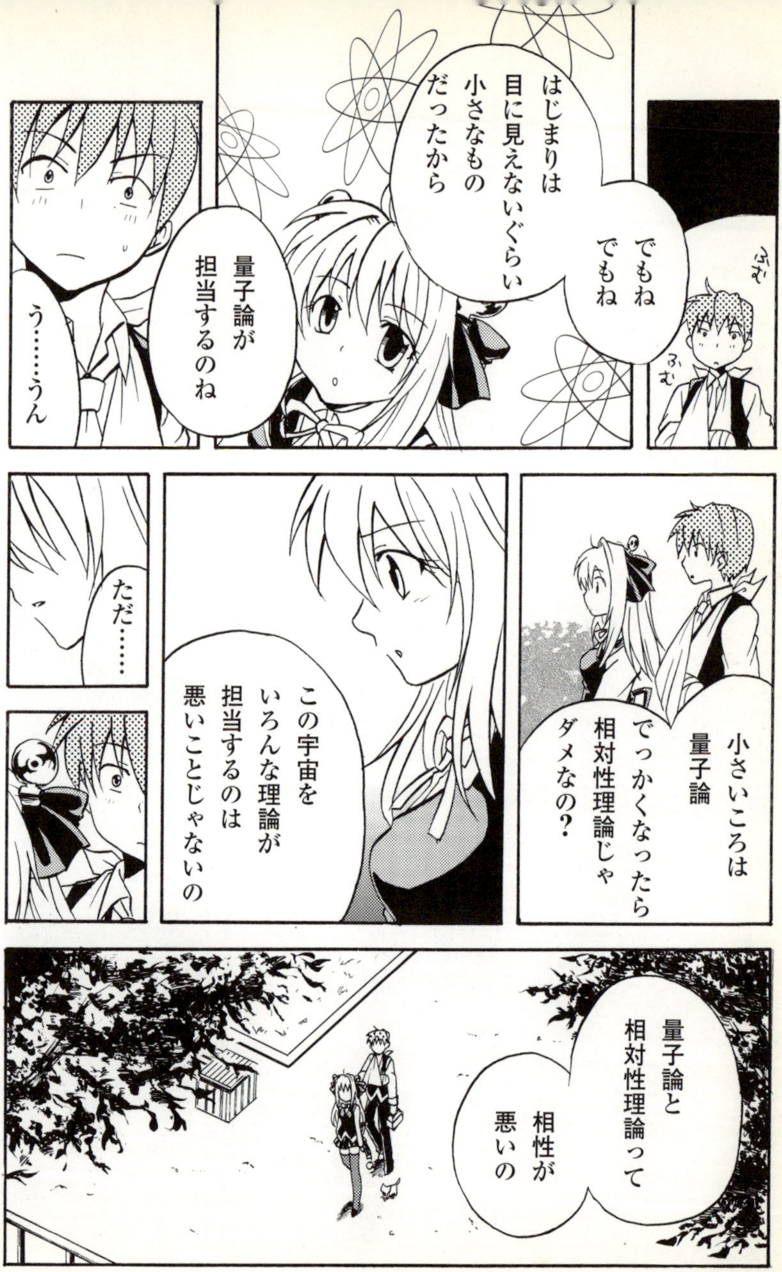
でもね でもね
ふむ
ふむ
はじまりは目に見えないぐらい小さなものだったから
量子論が担当するのね
う……うん
小さいころは量子論 でっかくなったら相対性理論じゃダメなの?
この宇宙をいろんな理論が担当するのは悪いことじゃないの
ただ……
量子論と相対性理論って
相性が悪いの

相性が悪いって……
ケンカでもするの？
うん 水と油って感じ
大きさは違っても同じ宇宙なのに……
永遠にひとつになれない
なんで……
……くっついちゃダメなの
えっ
ゴメン
……？ ユウキくんがじゃないよ？
重力ってモノとモノの間に働く力でしょ
その重力の理論で計算すると
モノとモノの隙間が狭くなればなるほどその力は強くなるの

……で
2つのモノが
近づいていくと
……
……いくと？
パーーンッ
重力が
無限大に
なっちゃうの
無限大って
いうのはもう
計算できない
ってことね
始まりの
小さい世界に
重力の話を
持っていくと
計算が成りたたなく
なっちゃうの
計算が
できないんじゃ
物理学とは
いえないし
だからって
宇宙は昔
小さくて今は
大きいって考えは
変えられない
だから
くっついちゃ
ダメなわけか

それって何とかならないの？
……何を？
実は伸ばせばいいの
要は始まりが小さい点なのがいけなかったの
……で点を伸ばしてヒモにしちゃうの
……ヒモなら問題ないの？
うん
こうして水と油な量子論と相対性理論の間に仲介役が現れたのでした
点は点で大きさがないけどヒモにしたら大きさがあるからいいんだって
……

じゃあこれで問題解決ってわけか
ん〜実はまだ微妙なのよね
今はヒモじゃなくて超ヒモなのね
すっごいヒモってこと？
ん〜……超っていうのは超対称性の略なの
相対性理論と量子を扱う素粒子論にある対称性の間のわだかまり
それを超える対称性なヒモの理論ってことね
それでもまだ仲介役候補くらいなのよ
うぅ……わかんない……
じゃあ想像してみて

世界を作ってるのは分子よりも小さな素粒子
そんな素粒子たちが通う学校があります
その学校には物質のモトになる女子クラス
フェルミオン組
素粒子たちを仲良くさせる男子クラス
ボソン組
……の2クラスがあります
ふむふむ
……で学校のイベント体育祭
そこでお約束のフォークダンス！

そこで踊るときこの学校はいつも同じ相手なの
グルーオン君の相手はグルイーノちゃん
sクォーク君の相手はクォークちゃん
そんなベターハーフな組み合わせが超対称性ってことなの
そんな相手がいたら世界は上手く説明できるんだけど……
だけど？
グルイーノちゃんやsクォーク君みたいなのがまだ見つかってないの
だから仲介役候補なんだけどね

……ところで ユウキくん
？ 何？
もじ…
ユウキくん にはさ……
ユウキくん には……
彼女って いるの？
……は？
だから
ユウキくんには ベターハーフな 人はいないの？

えっ
あっ
い……いないよ
いない……けど
好きな子なら……
なに～？
何だか
はっきりしな～い
なっ
なんで
そんなこと
聞くの!?
!

べ……別に ちょっと 気になっただけ
……まったく
こっちかて 応援しとるんやから もっと頑張って ほしいわ 今のタイミングで 告白したら よかったやん
こっちの話～
ホラ はよ行かんと あの子行ってしまうで
……お前に 言われなくたって ……
ウチの力も こっちでは そうそう連発 できん ゆーのに……
ちから？

超ひも理論は日本人が考えた？

さて、現代物理学の最前線では、ひとつの重大な問題が浮上している。それは、物理学の基礎理論である「量子論」と「相対論」が、矛盾してしまうことだ。正確にいうと、量子論と特殊相対論は相性がよく、

シュレディンガー方程式→特殊相対論の考えを取り入れる→ディラック方程式

という形で理論は完成している。だから、ものすごくミクロな世界（量子論）とものすごく速い世界（特殊相対論）には、きちんとした物理理論が存在するのだ。

ところが、量子論と一般相対論の相性は悪い。一般相対論は「重力理論」だから、ようするに、量子論と重力理論は、なかなか統一的に扱うことができないのだ。考えてみると、これはあたりまえで、もともと量子論は「ちっちゃな世界」を扱うものだし、アインシュタインの重力理論（＝一般相対論）は「でっかい世界」を扱う。両方同時にうまく記述する方程式を見つけるのは大変なのだ。

実は、現在の宇宙を考えているかぎりは、統一できなくてもかまわない。でも、現在の

宇宙は膨張していて、137億年前には、素粒子ほどの大きさだったと考えられている。だとすると、137億年前のちっちゃな宇宙を扱うときは、量子論と重力理論を「統一」した、「量子重力理論」がどうしても必要になる。

それにしても、なぜ、量子論と重力理論は相性が悪いのだろう？　なぜ、両方の理論の方程式を一つにまとめることができないのだろう？

アインシュタインの重力理論には、極微の領域で計算をしようとしたときに生じる「特異点」という問題がある。それは文字通り、「特異な性質をもった点」であり、「大きさのない一点に、無限大の力やエネルギーが集中した状態」を指す。これは理論の「病気」のようなものだ。

実は、アインシュタインの重力理論の「近似」であるニュートン力学にも特異点は存在する。ニュートンの万有引力の法則は、「逆2乗の法則」と呼ばれ、重力は距離rの2乗に反比例することがわかっている。数式で書くなら、重力は「rの2乗分の1」に比例するのだ。rは、2つの物体間の距離だが、このrをどんどん小さくしていって、しまいにゼロにしたらどうなるだろう？　「ゼロの2乗分の1」は……分母がゼロなのだから、ようするに無限大ということだ。

つまり、2つの物体の距離がゼロになったとき、重力は無限大になるのだ。困ったことに、物理学では、力やエネルギーが無限大になると、もはや計算不能になってしまう。計算ができないのでは物理学とは言えない。

これが「特異点」の簡単な例だが、すべての元凶は「大きさのない一点」に2つの物質が集中したことにある。「大」を扱う理論が「小」を扱うときに生じる困難だ。この問題を解決するにはどうすればいいだろう?

二〇〇八年度のノーベル物理学賞を受賞した南部陽一郎は、東大の物理学科を卒業後、アメリカに渡り、シカゴ大学の教授を務めた人物だが、日本大学の後藤鉄男と一緒に「大きさのない点を『ひも』にして、ひもの方程式を解けばいいのではないか」と提案し、実際にひもの方程式を発見した(一九七〇年。正式には方程式ではなく「作用」という方程式の元を発見した。また、南部と後藤は、当時、重力理論ではなく、原子核内部の力を考えていた)。

アポロが月面に着陸した翌年には、日本人が「ひも理論」の先駆的な仕事を発表していたのだから驚きだ。実際、二〇〇八年の南部陽一郎のノーベル賞受賞は、このひも理論への貢献が評価されたから、という噂が根強い(ノーベル賞の選考委員に、超ひも理論の専門家が含まれていたため)。

第7章

超ひもの世界は11次元

──どれから食べる？
なんか暗くてどれがどれだか
闇鍋《やみなべ》みたいね
美味《おい》しかったらちょっと頂戴《ちょーだい》ね
はいはい
そういえばここって……
はむ。
カップル少ないのね
夜の公園なんてデートスポットなのに……

――あぁ
多分みんな
あっちに
行ってるんだ
ろうな
あっちって？
あ……いや
この近くの高台に
夜景スポットが
あるんだよ
なんやのん
ならそっちで
ケーキ食べれば
よかったやん
あ……
うん……
その高台に
何かあるの？
まさか
ユーレイ!?
違う違う
あのスポットは
確かに夜景
キレイなんだ
ケド……

あの高台の近くでさ
何十年も前に戦闘機が墜落して……
え……
パイロットは直前に脱出して助かったんだけどさ
その事故で小さい子供と母親が巻き込まれたんだよ
墜落した場所からもうちょっと行けば海だったから
もうちょっと飛んでくれれば……

――それでさ
その親子をモデルにして像が作られたんだよ
だけどそこからがおかしな話でさ
行政のほうが何の像なのかって説明をつけさせてくれなかったんだ
じゃあただ像があるだけなの？
今は簡単な説明文がついてるみたいだけどね
オレその像のこと知ってさ
なんかこう……いたたまれないっつーか……

ぎゅ……
……ヒドい
ヒドいよね
説明つけないなんて
歴史から
消そうとしてた
ってことでしょ
そだね
もしかしたら
事故の話は
なかったことに
なってたかも
そんなの
ヒドすぎ!
せや!
そんなん
情報操作と
一緒やん!
イロイ
でもさ
今はネットで
調べたらすぐ
わかるから
情報操作
なんて……
——それが
できちゃうの!

さっきの
点をヒモにって話
ネットには
「この方程式は
正しくないことが
証明された」
……とか書いて
あるの！
でも
正しくないことが
証明された
なんてこと
ないんだよ
じゃあ
誰かが
間違えて
書いたってこと？
そうかもしれんし
わざとかも
しれん
ただな
何も知らん奴が
ネットを調べたら
それ
信じてしまう
やろ？
結局そこで
情報が
捻じ曲がっとる
あー……
なるほどね
あぐ
あぐ

って
そういうのってさ
まずいんじゃ
ないの?
ん～……
まずいとは
思うけどね
ヒモの話を
結構知ってないと
間違いかどうかも
わかんないし
そりゃ
そうだな……
いつか
ユウキくんが
直していけば
いいよ
えー
ムリムリ
そもそも
ろくに理解も
してないし
簡単な
ことよ

この世界は
ヒモでできてる
ただ
それだけよ
えと……
ヒモで
どうやって……？
弦楽器を
イメージすると
いいかも
あれって
弦が震えて
音が出てる
でしょ？
同じように
超ヒモの場合
ヒモが震えて
それが
いろんな素粒子に
見えて
その素粒子で
世界ができてるの

小さな小さな弦が震えて
世界っていう音色を奏《かな》でるの
ひとつ付け加えるんやったら
そんな小さな世界やと重力の話は御法度《ごはっと》やった
計算がパーになってしまうんやね
重力が無限大になるんだよな
せや
計算できんなんてないのと一緒や
せやけど超ヒモ理論には重力が入ってこんのに
気が付いたらちゃ〜んと出てくるんや

そもそも
ウチら
この地球上に
住んどって
重力感じとる
やろ
なのに
世界の大モトの話
ってなったら
重力が邪魔とか
おかしいやろ
せやから
特に考えんでも
重力のことが
出てくる
超ヒモの理論は
――
それなりに
説得力がある――
って言いたいのよね
ホント
イルは超ヒモ
好きね
あたりまえや
あのヒモの
ウネウネしたのを
想像しただけで
……
はにゃ～
その……
超ヒモってさ
この辺
ウロチョロ
してるわけ？

超ヒモは Dブレーンに くっついてるの
あ
ブレーンって 膜のことね Dっていうのは 大数学者 ディリクレさんの 頭文字なの
その Dブレーンに くっついてる 超ヒモは2種類 あってね
ミミズさん みたいのと 輪ゴム みたいなのが 土に埋まってる って感じなの
——というより ミミズと輪ゴムが 絡まって ブレーンに なっとるんやな
ん〜〜
あ……そうね……

それで超ヒモ同士がぶつかって
ちぎれて飛んでって
それが丸い輪になって重力を伝える素粒子の重力子になったり……
……
ヒモが絡まって膜……
ミミズがちぎれて輪ゴム……
あと輪ゴムがDブレーンにくっついてもぐってみたり
輪ゴムがもぐって……
しかもな膜は2次元のペラペラやなくてもええんよ
は?
だから〜
ヒモさえ生えとったらええねん
じゃあ立体でもいい?

何も問題あらへん
そもそも超ヒモの世界は11次元やし
じゅ11!?
たて……横に高さで3次元だろ……
時間入れて4次元やね
全然たりないじゃん
たりん分は4次元に生きとる生きものにはわからんのよ
なんだよそれ……
たとえば少年
ヒマラヤ越えする渡り鳥がおるの知っとる?

ヒマラヤ越え⁉
鳥が⁉
空気薄いよ⁉
そんなん知っとる
確かに鳥が羽ばたいただけやったら越えられん
せやけど山のてっぺん近くで風待ちするんや
かぜまち？
せや
慎重にヒマラヤ越えられるような風を待って
人間には見えない気流を読んで
山肌にできる上昇気流にのって一気に空を駆け上がるんや

へ～……
なんかすげぇ
ロマンじゃん
その鳥が
そうやっとる
からには
そこには
いくつもの
風の流れとか
空気の山とか谷が
あるわけやね
う……うん
それやって
言うなれば
鳥だけが知っとる
次元みたいなもん
やろ
空間の広がり
なんやから
まあ
人間はそんなもん
見えへんし
飛べもせんから
知りようがない
けど
た……確かに
ってわけで
情報料
いただきー
あっそれ
残しといたのに！

……次元が
え？
次元がたくさんあるってことはさ
今ここにある世界と平行してる世界とかがあっても
おかしくないよね
平行してる世界？

その世界たちは
ユウキくんの5センチ向こうにあるかもしれない
よく似てるけど何かがちょっと違う……
それもまたロマンな話だなぁ
パラレルワールドだっけ？
テレビとか漫画とかで聞いたことあるよ
……うん

たとえば
魔法が普通に使える世界かもしれない
と。。。
猫が普通にしゃべる世界かもしれない
え……
ねぇ ユウキくん
一緒に
行かない？

Dブレーンで遊ぼう

◎ポイント……森羅万象《しんらばんしょう》をあらわす、究極の存在が、超ひもとDブレーン

超ひも理論は「プランク長さくらいの超ひもが素粒子をつくっている」という理論で、ようするに「森羅万象は素粒子ならぬ『素ひも』からできている」という理論だ。

超ひもには形状からすると、おおまかに2種類ある。

1　閉じたひも（輪ゴムのイメージ）

2　開いたひも（ミミズ、もしくは輪ゴムを切ったようなイメージ）

このうち閉じたひもは、素粒子の一種である「重力子」そのものと考えることができる。しかし、超ひも理論には、この2種類のひものほかに、陰の主役が存在する。それが「Dブレーン」だ（DブレーンのDは「ディリクレ」という数学者の頭文字で、ブレーンは「膜」という意味）。

Dブレーンは、当初は開いた超ひもの「境界条件」でしかなかった。境界条件は、その名のとおり、「ひもの端っこがどうなっているか」という意味だ。たとえばひもの一端を壁に釘で打ち付けて、もう一方の端を手で持って上下に揺らす場合と、壁に固定せずにひ

もを揺らす場合とでは、当然のことながら振動状態は変わってくる。ディリクレの境界条件は、壁に半分固定されているような状況だ。釘で打ち付けるのではなく、磁石で吸い付いているような感じ。ひもの端っこは磁石で壁にくっついているけれど、壁の上は自由に動き回ることができる。

超ひも理論ができた最初の頃は、みんな、超ひもにしか関心がなかったので、超ひもの境界条件は主役ではなかった。それは単に「超ひもの端っこは自由に動けるのか?」という条件にすぎなかった。

ところが、超ひも理論が進歩するにつれ、どうやら、この境界条件のほうが、むしろ超ひもよりも重要な存在らしいことがわかってきた。無数の超ひもが、境界条件にしたがって動いていると、それは、まるで透明な膜の上を超ひもの端っこが動き回っているように見える。比喩的にいうなら、大勢の子供が透明なスケートリンクの上を滑っているような感じだ!

透明な膜は、何もないわけではなく、れっきとした物理的な実在だった。それが「Dブレーン」の発見だった。

このDブレーンは、「膜」という名前がついているけれど、別に2次元の紙のようなものばかりじゃない。「そこから超ひもが生えている」ということが重要なので、Dブレーン自体は、超ひものような「線」でもかまわないし、立体みたいな拡がりをもっていてもかまわないし、もっと高い次元の拡がりをもっていてもいい。

Dブレーンの上をスケートのようにして滑ってきた2つの超ひもが衝突して、勢い余って、ちぎれ飛んで、Dブレーンから離れてゆく。それが素粒子の一種で、重力を伝える役割を担う「重力子（グラヴィトン）」の正体だ。その他の素粒子もDブレーンと超ひもの組み合わせで記述できる。たとえば電子やクォークは、いくつものDブレーンの間を「ちょうつがい」みたいに超ひもがつないでいる状態と考えられる。

超ひもとDブレーンの関係は、水路を伝わる波の比喩で理解できる。水路の表面には「さざ波」がある。それから、船が通ったあとなどにできて、ずっと遠くまで形を崩さずに伝わる波（「ソリトン」とか「孤立波」と呼ばれている）もある。この小さなさざ波が超ひもに相当し、大きな塊《かたまり》である孤立波がDブレーンに相当する。

Dブレーンは堅い鉄板みたいなイメージではなく、熱くて、光ったり曲がったりしながら、超ひもをたくさん（いそぎんちゃくみたいに）生やしている。超ひもはDブレーンの上を滑り回り、ぶつかってちぎれて閉じたひも（＝重力子）になって飛んでいったり、逆に閉じたひもが飛んできてDブレーンにぶつかって吸収されたりする。

第8章 どこから来たの？

一緒に……
行かない？
行くって……
どこに……
今日は
転校生を紹介
する

転校生の
高橋勇希君だ
……
は?
んだよ
ヤローかよ
女子じゃなくて
残念だったな
加藤
高橋君
席はそこの……
田沢の横だ
あいりちゃん!?

よろしくね ユウキくん
あ えと よろしく
!?
イル!?
お前 何してんの!?
何って 仕事
仕事って?
穴を 安定させるの 結構大変 なんよ
はぁ? それにこれ 何?
ええから 授業うけなさい
メガネも 今は とらんといてな
……?

──ねぇねぇ どっから 来たのー？
あ……いや
えと……
んだよ ハキハキ しねぇ奴
転校初日 だもん 仕方ないよ
ホントだー どの次元から 来たの？
やっぱり 太陽系？
え……
チャオー
……あ
グラビニャン じゃん

誕生日いつ?
やっぱり年号って平成?
血液型は?
遺伝型でもいいけど
あ……いやえと……
ガタンッ
ちょっとスンマセン
あ……あいりちゃん
待って

何よ 女の子に 囲まれて デレデレして
べ 別に デレデレなんて
って うわっ
もう 貸してあげないいん だから!
え……あ ちょっと 待ってってば
ジャリ
は?

何……？
ここどこ!?
さっきまで
廊下に……
いいから
早く行こ
イルも
行くよ
にゃー
ユウキくん
え

……は？
手
ユウキくん
キョロキョロして
迷子になりそう
なんだもん
つなぐの？
つながないの？
ボソ
……これって
夢なのかな
……そうね
夢だと
思っていいかも
え

ユウキくんが
生活してた世界は
たて、横、高さ
それに時間の
拡がりをもった
4次元の世界
うん
時間も次元の
ひとつなんだよね
でもね
5次元目も
あるはず……って
言われてるの
5次元!?
時間のほかに
まだあるの!?
超ヒモやと
この世界は
11次元やし
も一度
言うけど
だ……だって
それって
わからないって
ま～～ね～～～
それに5次元目
っちゅーんは
小さすぎて
目に見えん
ゆーのが定説で……
小さすぎて?

あるにはあるけど
小さすぎて機械でも検出できないって言われてたの
でも最近
リサ・ランドールさんとサンドラムさんっていう学者さんが仮説をたててね
5次元より上の余った次元は小さいんじゃなくて大きいんだって
大きいのにぐねぐねに曲がってるせいで目に見えないの
ぐねぐね？余った次元？
……次元って余るもんなの!?
そーみたいよ
だから余った次元にうまく入れれば

宇宙の彼方の星への入口だったり
意志を持つ植物のいる世界だったり
そういうところで誰かが誰かを眺めるってこともできる……かもね
余った次元から……眺めてる……
もしかしたらたった5センチ向こう側……ってこともあるかもね
——それにね

私たちの宇宙は 膜のように なっていて
重力で ほかの宇宙と つながってるって 言う人もいるの
2つの宇宙は 近づいたり 離れたりしてる
ユウキくん するどい！
……それなら…… ぶつかったり しないの？
その人はね 2つの宇宙が ぶつかるとき
それって ビッグバンだって 言ってたの

2つの宇宙が
一瞬だけ
ひとつになって
また新しい
2つが
生まれる
出逢うべくして
出逢った2人が
目を合わせた
瞬間に何かを
感じて
出逢う前とは
同じで
いられない
そんなのと
一緒なのかな……
あ……
あいりちゃん

つふぇっくしょい
あーすまん
続けて続けてー
空気よめ
……あ
そういえばさ
グラビニャンって何？
さっきイルがそう呼ばれてたんだけど
……そっか
ユウキくんの世界にはグラビニャンはいないもんね
グラビニャンはね
2つの世界をつなぐ通路を安定させる猫なの

通路いうても道路とちゃうで
時空と時空をつなぐワームホールや
せっかくできた穴利用せん手はないやろ?
せやけど穴ん中は重力が安定せんのよ
そこでウチらグラビニャンの出番や
ちなみにさっき少年がかけとったメガネあれはウチらのサポートアイテムなんよ
ウチらが重力を安定させて時空をつないどるんよ
ただ……
私とイルじゃ長時間通路を安定させられないのよね

あ……あのさ　時空と時空をつなぐとかわけわかんないよ
さっきの学校って何だったの!?
あいりちゃんって本当はどこから来たの!?
……もうそろそろ限界みたい……
え……
でも大丈夫
おまじないしておくから……

おまじない
って……？
それに
限界って……
何が……
ユウキくん
ユウキくんは
私のこと……
嫌い？
き
嫌いなんかじゃ
ないよ
っていうか……
いつだって
オレ
あいりちゃんと
話してたいし
毎日だって
顔見たいし……
それに……
それに……

……そっか
それなら
また会える
……よね
……え

ブレーン宇宙とパラレル宇宙

◎ポイント①……5次元以上の物理学をカルーツァ＝クライン理論と呼ぶ
◎ポイント②……ブレーン宇宙どうしが衝突するとビッグバン（かもしれない）

「次元」という言葉は、わかりやすい日本語に翻訳すると「拡がり」。4次元の時空を超えて、「5次元の世界が実在するかもしれない」という学説で有名になったのがハーバード大学の物理学者のリサ・ランドールだ。ランドール博士の論文は、サンドラムという男性物理学者との共著なのだが、なぜか、世間は美貌のランドール博士にしか興味がない（笑）。

ところで、5次元目の拡がりが存在する、と主張したのは、ランドール博士が初めてではない。物理学の歴史では、アインシュタインの4次元の理論（＝相対論）に触発されて、テオドール・カルーツァという数学者が一九二一年に提案している。5次元目から電磁場が出てくる、と主張したのである。論文が出る数年前にカルーツァは論文をアインシュタインに送ったが、アインシュタインが長い間、忘れて引き出しにしまっていたため、論文の出版が遅れた、という逸話がある。

その後、（「クラインの壺」で有名な）数学者のフェリックス・クラインが一九二四年に5次元理論を再提案したため、今では「5次元以上の高次元の物理学」のことを「カルーツァ＝クライン理論」と呼んでいる。

つまり、リサ・ランドールは、カルーツァ＝クライン理論という分野の研究者なのだ。

ふつうのカルーツァ＝クライン理論では、5次元以上のいわゆる「余った次元」は、小さくてプランク長さ程度で、目に見えないし、測定装置でも検出できない、とされている。それに対して、ランドール博士らは、「5次元以上の余った次元は、大きいけれど曲がっているから、目に見えないだけ」という画期的な新説を発表したのだ。

5次元以上の空間が、小さくて検出できないから、われわれの宇宙は4次元に感じられる、というのは理解できるが、余った次元が「大きい」という可能性は不可能だと思われていた。だから、ランドール＝サンドラム仮説は、物理学者の間では驚きをもって迎えられた。

ランドール＝サンドラム仮説は、超ひも理論に触発された理論だ。カルーツァ＝クライン理論は、天下り的に「余分な次元」を仮定するが、超ひも理論は、「そもそも11次元でないと矛盾してしまう」ため、必然的に高次元の存在を予言する。

超ひも理論の11次元やDブレーンに触発された理論は、ランドール＝サンドラム仮説だけではない。たとえば、スタインハートとチュロックという物理学者は、「膜状になった2つの宇宙が、重力だけでつながっていて、周期的にぶつかったり離れたりしている」という驚くべき宇宙論を提唱した。膜状の宇宙を「ブレーン宇宙」と呼ぶ。われわれの宇宙自体がブレーン宇宙であり、それがもう一つのブレーン宇宙とぶつかると、ちょうどシンバルが打ち合わされたようなイメージで「ビッグバン」が起きる、というのである。もし、このブレーン宇宙の仮説が本当なら、われわれの宇宙は、やがて、もう一つのブレーン宇宙と衝突して、次のビッグバンを迎える運命にある！

今のところ、超ひも理論が正しいかまちがっているかを検証する実験や天文観測は一つもない。また、ランドール＝サンドラム仮説やブレーン宇宙論が正しいという証拠も存在しない。その意味で、超ひも理論や高次元宇宙論は、壮大な仮説の域にとどまっている。

それにしても、SFに登場するようなパラレル宇宙が、れっきとした物理理論として、大勢の科学者の研究対象になっているなんて、知ってました？

エピローグ

あの子のおまじない

ポスター見て来たんですけど
迷子猫の
ハッ
あ……
あいりちゃん!?
ガチャ
あ……
えと……
ポスターのお宅こちらですよね?
うちのコによく似てたのでもしかして……と思って……

あ……えと 今連れて きます
……オレ もしかして 夢見てた？
立ったままで？
え？ 飼い主 来たの？
みたいだよ
そっか～
……まぁ よかったな
イレーネちゃん 良かったねぇ
ホラ 行くぞ
いてっ
オイ 大人しくしろよ

猫がしゃべるとか
違う次元だとか
オレもしかして疲れてんのかなぁ
あら
うちのコじゃないわ
……は？
ポスターのはマンチカンに見えたのに……
うちのコはこんな雑種じゃないわ
カチン
ち…違います？
ええ
雑種の何が悪いんだよ

――それじゃ失礼します
あ……はい
飼い主はやく見つかるといいですね
さて
ふりだしに戻る～ってか
お人好しやねぇ

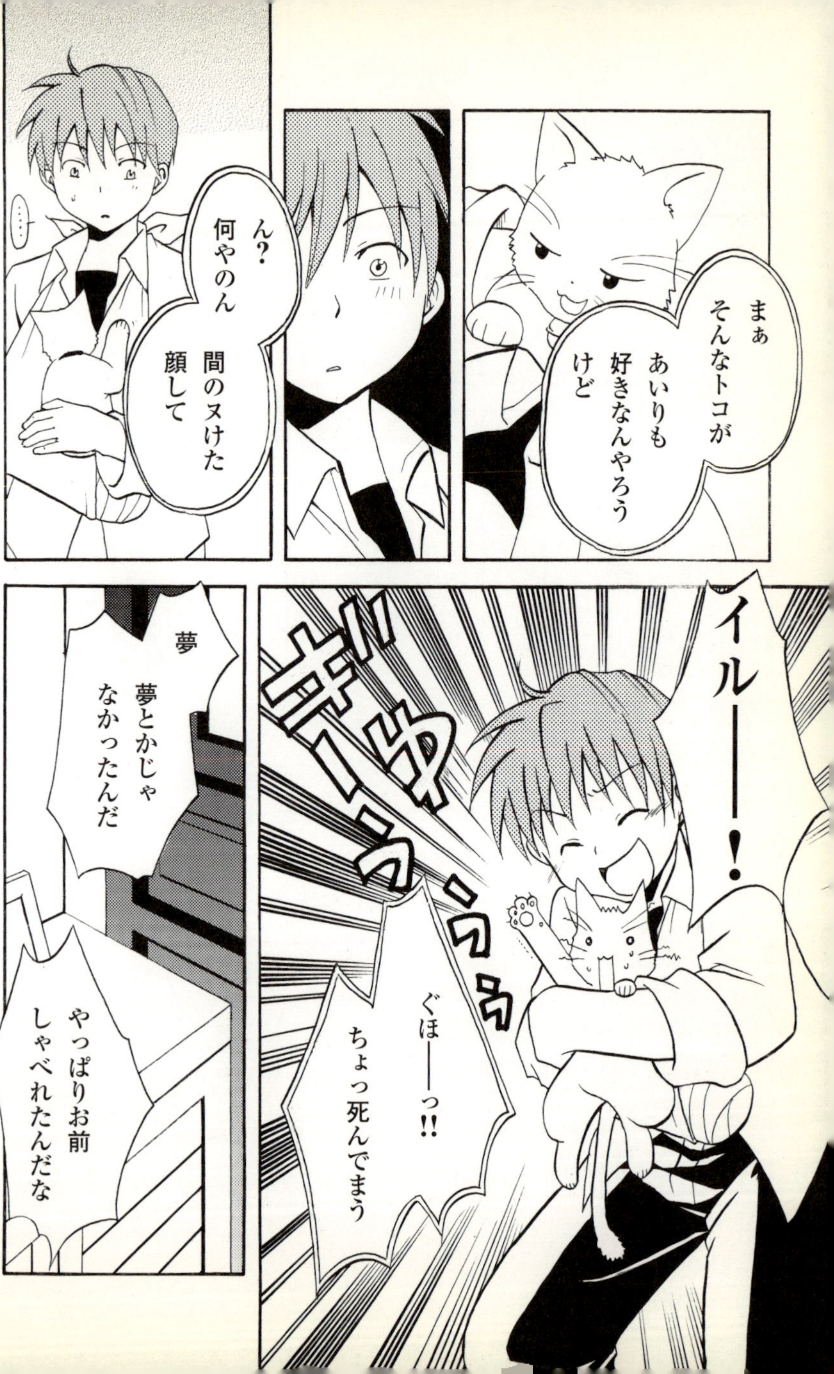

まぁ そんなトコが あいりも 好きなんやろう けど
ん？ 何やのん 間のヌけた 顔して
…
イルー ーー！
ぎゅーっっっ
ぐほーーっ!! ちょっ死んでまう
夢
夢とかじゃ なかったんだ
やっぱりお前 しゃべれたんだな

――まぁ夢やないかもしれんけど
夢やと思ってもええかも……とかあの子が言うとったよね
う……うん？
夢の中で何日過ぎても目ぇ覚めたら数分やった……なんてことあるやろ？
う……うん
それと同じことや
たった5センチの隙間にもう1個の大きな宇宙がハマっとる
不都合はないやろ？

それって……
余ってる次元がどうのって話？
お！ようう憶えとるね
バカにすんなよ
忘れるほど昔じゃねぇし
そんなバカでもないよ
せやな
まぁもちっと待っとりなさい
そのうちいいことあるから
……なんだよいいことって……

トン トン
あの子のおまじない
ニィ
再会のおまじないや
仏をよろしく♪
浮気しないで待っててね♥
♥あいり♥

補足解説

特殊相対論は「ローレンツ変換」がすべて

特殊相対論の数式をあげておこう。これがローレンツ変換だ。

$$x'=\frac{x-vt}{\sqrt{1-v^2}} \qquad t'=\frac{t-vx}{\sqrt{1-v^2}}$$

ここで速度vは「光速の何%か」をあらわしている。たとえば、毎秒15万キロメートルなら、光速の50%だから、v＝1／2ということになる。

具体的な数値を代入してみよう。

太郎と次郎の相対速度v＝4／5

太郎の時計t＝5
太郎のモノサシx＝4
次郎の時計t′＝3
次郎のモノサシx′＝0

まずは、この一連の数値がローレンツ変換を満たすことをたしかめてほしい。

次に、この数値の意味を考えてみよう。これは、宇宙で起きた殺人事件を目撃した太郎と次郎の証言なのだ。ただし、太郎と次郎の間の相対速度は光速の80％である。

太郎の証言「ボクは時間t＝5に位置x＝4でキャプテンXが殺されるのを見た」
次郎の証言「オレは時間t′＝3に位置x′＝0でキャプテンXが殺されるのを見た」

このように同じ殺人事件なのに、目撃証言は異なる。でも、矛盾はない。太郎と次郎は相対的な時間と空間を使っているからだ。実際、2人の目撃証言はローレンツ変換と矛盾しない。というより、ローレンツ変換は、まさに「ニュートン的に矛盾しそうな証言を翻訳して、アインシュタイン的に整合性を保つ」ための翻訳規則なのである。

同じようにして、互いに相手が縮む「ローレンツ収縮」や、互いに相手の時間が遅れる「時計の遅れ」といった現象も矛盾しないことが、ローレンツ変換の式からわかるのだ。

ひも理論のアイデア

◎ポイント……素粒子には、主に物質の素になるフェルミオン（電子やクォークなど）と、素粒子の間に力を伝えるボソン（光子やグルーオンなど）がある

ひも理論の発想は実に単純だ。大きさのない「点」が無限大の計算結果を引き起こすのだから、その点を引き伸ばして、大きさのある「ひも」にしてしまえばいいではないか、ということに尽きる。

あまりのシンプルさに笑い出してしまいそうだが、実は、このシンプルな発想により、たしかに無限大の計算結果は出てこなくなる。それどころか、「ひも理論」をさらに精密にした「超ひも理論」では、次々と驚くべき発見がなされ、今では、

・存在が確認されている素粒子がすべて、超ひもの特殊な状態として説明できる
・超ひも理論が正しいのであれば、宇宙の次元は（アインシュタインが考えたような４次

元ではなく）11次元らしい
・素粒子だけでなく、ブラックホールも超ひもの特殊な状態らしい
・われわれの宇宙のすぐそば（たとえば数センチ先とか？）に別の宇宙があるかもしれない

といった、さまざまな計算結果や予言がなされている。

ちなみに、「超ひも理論」の「超」は英語では「スーパー」であり、「超対称性」の略。「対称性」というのは、「なんらかの数学的な操作をしても、世界の見た目が変わらない」ことを意味する。左右対称は「左右を取り換えても見た目が変わらない」という意味だし、回転対称は「回転しても見た目が変わらない」という意味だ。

ここに出てきた、「超対称性」は、素粒子の種類であるボソンとフェルミオンの間の対称性のこと。

素粒子の世界にも男と女がいる、という感じである。フェルミオンは「物」であり、ボソンは「力」であり、両方ないと世界は壊れてしまう。

超対称性は、たとえば、光子（＝フォトン）の対称物として「フォティーノ」という未知の素粒子が存在すると考える。光子はボソンでフォティーノはフェルミオンだ。同様

に、グルーオンの対称物はグルイーノ。また、電子の対称物は「s電子」、クォークの対称物は「sクォーク」という具合。別にムズカシイことではなく、「フェルミオンとボソンを取り換えても、世界の見た目は変わらない」という意味である。くだけて比喩的に説明するなら、「妻がいれば（姿は見えていなくても、どこかに）夫がいる」というようなイメージだ。

素粒子が超ひもの特殊な状態だ、というのは、多少、イメージ的な説明になるが、バイオリンの弦が振動するとたくさんの音が出るのと同じ。「バイオリンの弦＝超ひも」「バイオリンの弦が振動するといろいろな音が出る＝超ひもが振動するといろいろな素粒子に見える」といった対応でイメージしてほしい。

素粒子にもたくさんの種類があるが、それが、たった1本の超ひもの振動状態で説明できるなんて、とても凄いことだ。

超ひも理論の凄いところは、まだある。それは、超ひも理論には、どこにも「重力」が入っていないのに、いつのまにか「重力」が出てくること。超ひもの方程式は、

超ひもの方程式＝特殊相対論＋量子論＋超ひも

という構造で、どこにもアインシュタインの一般相対論は出てこない。ところが、この3つの材料を組み合わせて数学という名のシェイカーに入れてシャカシャカ振ると、できあがったカクテルは、「量子重力理論」になっているのだ。

まるで魔法みたいなので、超ひも理論の研究者で「ニュートンより頭がいい」と評されることもあるエドワード・ウィッテンは、「超ひも理論は、重力の存在を（後付けで）予言した」と言っている。もちろん、われわれはニュートンの時代から重力を説明してきたが、3つの要素を混ぜただけで「重力」が生まれるのは驚異的なのだ。

もっとも、このような「魔法」は超ひも理論よりずっと昔に、日本の物理学者・内田龍雄が提唱していた。内田は「特殊相対論の対称性を局所化すると一般相対論（＝重力理論）になる」ということを発見していたのだ。うーん、対称性の局所化？

紙を360度回転させると元に戻る。そういうのを「大域的」な変換という。それに対して、「局所的」な変換とは、紙の上の一点に指を押し付けて、グイッと360度回転させることにあたる。そんなことをしたら、紙に皺《しわ》ができて、見た目が変わってしまうから、ふつうの紙には局所的な回転対称性はない。でも、最初から皺だらけの紙だったらどうだろう？　最初から皺だらけだったら、どの点を指でグイッと回転させても、やはり皺だらけで、見た目は元のままだから、局所的な回転対称性がある。内田の発見は、このような局所的な対称性があると、自然と重力が生まれる、という画期的なものだった。
超ひもには、「超対称性」だけでなく、他にもさまざまな対称性がある。その一つが「R対称性」と呼ばれるもの（竹内薫は勝手に「孫悟空の対称性」と呼んでいる）。これは、超ひもの長さRを逆数の1／Rにしても、超ひもの方程式が変わらない、という珍しい対称性。Rが大きければ1／Rは小さいし、Rが小さければ1／Rは大きい。実に奇妙な対称性だが、大きな世界と小さな世界にしても世界の見え方が変わらないというのは、ちょうど、「孫悟空が宇宙の果てまで飛んでいったのに、お釈迦様の掌《てのひら》の上から出ていなかった」というのと似ているではないか。

時空をどんどん拡大していったら超ひもが見える？

超ひもの長さは0・0000……001センチメートルくらいと考えられている（小数点以下にはゼロが32個もある！）。これは1センチを10で33回割った長さ。ほとんどイメージできないが、原子の大きさが1センチを10で8回割った程度であることを考えれば、超ひもがいかに小さいかがわかるだろう。
伝説の物理学者ジョン・ウィーラーは、かつて、「顕微鏡で時空をどんどん拡大していったら、しまいには何が見えるだろう？」と考えた。そして、時空にも量子的な不確定性があるはずだから、時空は「泡立っている」にちがいないと考えた。

つるつるに見える金属の表面も顕微鏡で見ると凸凹だったりする。それと同じで、スムーズだと思われていた時空も、量子的な距離では凸凹で、泡みたいになっているというのだ。その泡の大きさは超ひもと同じくらいだ。

うーん、もしかしたら、この時空の泡こそが、超ひもかもしれませんなぁ。

おわりに

特殊相対論、一般相対論、それから超ひも理論のイメージをちょっぴり、つかんでいただけただろうか?

「はじめに」にも書いたが、本書の目的は、このようなわかりにくい理論への「半歩入門」にある。うっすらとでもイメージをつかんでいただければ、次の半歩は、簡単な数式を使った副読本へと踏み出すことが可能だ。

物理学科を出たような人だって、最初から相対論や超ひも理論をマスターしていたわけじゃない。最初は曖昧模糊《あいまいもこ》とした状態から始めて、徐々にコンセプトに慣れてゆき、最終的に数式レベルでの理解に達するのだ。

小一時間で読めるマンガで表現するには限界があるが、難関な理論のエッセンスを「感じ取る」だけでも、まったく「わからない」のと比べると雲泥の差だと思う。

相対論は一九〇五年に生まれた。今や生誕100年を超え、人類の文化遺産になりつつある。100年前につくられた理論が理解できないのはちょっぴり悲しいではないか。もう、誰もがアインシュタインの考えを理解すべき時代なのだ。

超ひも理論は、いまだ未完成であり、まだまだこれからの理論だが、「森羅万象を記述できる最終理論ではないか」という期待も高い。数学だか物理学だかわからない、境界分野だが、この理論のどこかに「宇宙の究極の秘密」が隠れているのだとしたら、実にロマンチックな話だ。

モノ作り大国ニッポンの基礎は物理学にある。GPSシステムの例からもわかるように、物理学は、見えないところでテクノロジーを支えている。一人でも多くの人に物理学に親しんでもらえたら、物理系の科学コミュニケーターとして、これ以上の喜びはない。

本書の企画から出版まで、PHP研究所コミック出版部の前田眞宜さんにお世話になった。前作同様、この本は作家2名+マンガ家+編集者、計4人の共同作業で完成した。

読者のみなさま、最後までお読みいただき、本当にありがとうございました。またどこかでお会いしましょう!

竹内 薫

二〇一〇年初春

読書案内

特殊相対論は絶対にミンコフスキー図の方法で勉強すべきだ。そうでないと、なかなか「わかった」という実感が得られず、時間を無駄にするはめになる。

『アインシュタインとファインマンの理論を学ぶ本』（工学社）

の第一章を元に、

『ゼロから学ぶ相対性理論』（講談社サイエンティフィク）

のグラフを勉強してもらえれば、ミンコフスキー図の使い方はマスターできるはず。

一般相対論の数学は非常に敷居が高い。個人的には、

『ファインマン物理学Ⅳ』ファインマン、レイトン、サンズ著、戸田盛和訳（岩波書店）

の21章から入ることをオススメしたい。

超ひも理論は、多少数式が出てくるが、

『ゼロから学ぶ超ひも理論』（講談社サイエンティフィク）

『超ひも理論とはなにか』（講談社ブルーバックス）

あたりをご覧いただきたい。

なんか拙著ばかりあげてしまったが、こういった本の巻末にもたくさんの参考文献が出ているので、適宜、参考にしていただければ幸いである。

〈著者〉
竹内　薫（たけうち　かおる）
1960年東京生まれ。猫好き科学作家。東京大学理学部物理学科、マギル大学大学院修了。理学博士。メインの科学書執筆のほかに、テレビのコメンテーター、FMラジオのナビゲーター、数学番組の解説、新聞・雑誌のコラム執筆、講演など、科学の普及のために多彩な活動を繰り広げている。主な著書に『ねこ耳少女の量子論』『カオル少年と物理の塔』（以上、PHP研究所）、『コマ大数学科特別集中講義』（ビートたけしとの共著、扶桑社）などがある。http://kaoru.to/

〈執筆協力〉
藤井　かおり（ふじい　かおり）
スポーツインストラクター（ヨガ＆低体力者および妊産婦の運動指導）と文筆業を両立させようと四苦八苦中。大の猫好きで、趣味の着物の帯や襦袢も猫柄。著書に、『脳をめぐる冒険』（竹内薫との共著、飛鳥新社）、『猫はカガクに恋をする？』（竹内薫との共著、インデックス・コミュニケーションズ）、『あやしい健康法』（竹内薫、徳永太との共著、宝島社新書）がある。

〈漫画〉
松野　時緒（まつの　ときお）
1983年生まれ。ＣＧクリエイター兼漫画家。マルチメディアアート学園卒。ウェブのカット、ＣＭ、番組などでＣＧ、イラストを多数手がける。チョコレートとカエル、実家の猫をこよなく愛しており、仕事部屋にはチョコレート専用ケース、カエルグッズ、実家の猫の写真が大量に存在している。

ねこ耳少女の
相対性理論と超ひも理論

2010年２月26日　第１版第１刷発行

著者　竹内　薫
執筆協力　藤井かおり
漫画　松野時緒
発行者　安藤卓
発行所　株式会社ＰＨＰ研究所
東京本部　〒102-8331　東京都千代田区一番町21
コミック出版部　☎03-3239-6288（編集）
普及一部　☎03-3239-6233（販売）
京都本部　〒601-8411　京都市南区西九条北ノ内町11
PHP INTERFACE　http://www.php.co.jp/

組版　朝日メディアインターナショナル株式会社
装丁　印牧真和
印刷所
製本所　図書印刷株式会社

ISBN978-4-569-77677-4